情绪心理学

王小军 —— 著

西苑出版社
XIYUAN PUBLISHING HOUSE
·北京·

图书在版编目（CIP）数据

情绪心理学 / 王小军著 . -- 北京 : 西苑出版社 ,
2020.9
ISBN 978-7-5151-0749-3

Ⅰ . ①情… Ⅱ . ①王… Ⅲ . ①情绪－心理学 Ⅳ .
① B842.6

中国版本图书馆 CIP 数据核字 (2020) 第 108739 号

情绪心理学

QINGXU XINLIXUE

责任编辑　汪昊宇
封面设计　末末美书
出版发行　西苑出版社
地　　址　北京市朝阳区和平街 11 区 37 号楼 邮政编码：100013
电　　话　010-88636419
印　　刷　天津旭非印刷有限公司
经　　销　全国各地新华书店
开　　本　710mm×1000mm　1/16
字　　数　170 千字
印　　张　12.25
版　　次　2020 年 9 月第 1 版
印　　次　2020 年 9 月第 1 次印刷
书　　号　ISBN 978-7-5151-0749-3
定　　价　49.80 元

前　言

俗话说，人有七情六欲。喜、怒、忧、思、悲、恐、惊皆是人们的精神意识对于外界客观事物的不同反映，遇见我们喜欢的事物，我们会产生喜爱的情绪；看到自己厌恶的事情发生，会产生愤怒的情绪；看到害怕的事物，会产生恐惧的情绪；等等。这些都是人类生命活动的正常现象。

当然，喜、怒、忧、思、悲、恐、惊只是人们的七种基本情绪，在不同的情况下，人们还会产生“爱恨交织”“恼羞成怒”“悲喜交集”“喜忧参半”等复杂的情绪。心理学家们经过研究发现，人类情绪之多竟然达到几百种，很多情绪甚至是语言无法形容的，但这些情绪无不与人们的生活息息相关。

情绪没有好坏之分，只能定性为消极与积极或正面与负面。我们能够区分的只有不同的情绪会引发的后果的好坏。情绪也无法被消灭、被摧毁，我们能做的只是对自己的情绪进行疏导、管理和适度控制，使之与我们的信念和行为准则统一起来。

古人认为，情绪与人的五脏六腑有着密切的关系。情绪在适度的情况下并不会使人生病，但如果某种情绪长期或者突如其来地强烈刺激人的精神，超过了人们所能够承受的极限，就很容易引起人们身体上的疾病。情绪不仅受到激素和神经递质的影响，还会与人的性格、心理等因素产生相互作用。不同的情绪影响下，人们的行为举止及心理活动会有明显的区别。可以说，情绪是引发人们心理活动和行为举止的原动力。

人们在喜爱他人时会忍不住将告白脱口而出，委屈时会对周围人大吐苦水，愤怒时会对某些人大打出手，烦闷时会口不择言伤害他人……这些行为无不与情绪有着千丝万缕的关联。愤怒能让一个人失去理智，背弃自己做人的行为准则；仇恨能够扭曲人的灵魂，让纯真善良的人内心充满杀戮的冲动；爱能够让两个人相互扶持，走过动荡的岁月；思念能够让人忘却时间的流逝和生死的阻隔。情绪的力量之强，有时候甚至超乎了我们的想象。

正如心理学家们所说的，“情绪是把双刃剑”，它对人们有积极的影响，也有消极的影响，积极情绪能促进人们的身体健康和人际关系的和谐，消极情绪会危害人们的身心健康，破坏人际关系的和谐与稳定。其中的关键在于我们是否能够控制自己的情绪，最大限度地发挥积极情绪的作用和降低消极情绪的破坏力。

那么，如何控制好自己的情绪，让情绪发挥积极的作用，促进自身的发展，则成了我们每个人必须思考的问题。

目　录

第一章
走进情绪的世界

1. 揭开神秘面纱——情绪是什么

何谓情绪？世界一流的神经科学家安东尼奥 · R. 达马西奥认为：情绪是对我们身体状态的直接观察，是身体和以生存为目的的身体调节之间的连接，同时还是身体和意识之间的连接。简而言之，情绪就是一个人的情感体验，喜、怒、忧、思、悲、恐、惊皆是人类的情绪。从科学的角度来解释，情绪是人们在生理反应基础上的一种主观体验。当人们做出某种行为时，他们有可能事先思考过这种行为能否达到自己的目的，如果他们预想的结果变成了现实，那么无论结果好坏，他们之前已经有了心理准备，就不会有太大的心理落差，更不会从心理上感到难以接受；但如果现实和预想的结果截然相反，那么这个出乎意料的结果就会让他们产生异样的情绪，因为结果偏离了他们的预期。

例如，如果一个学生努力了整整一年，参加期末考试的时候考出了一个好成绩，那么他的内心必然生出满足和骄傲的情绪；但如果考试的结果并没有他预期的那么好，那么他的内心就会因为没有看到之前的付出所带来的回报而产生严重的心理落差，进而难以接受，陷入悲伤、失望的负面情绪中。因此，目的达到与否形成的两种不同的结果，带来的情感体验也不相同。也就是说，无论主观目的是否能够达到，人们都会因此而产生情绪。

那么，人类是从什么时候开始产生情绪的呢？这一点可以追溯到人类的婴儿时期。风靡全球的美国喜剧动画电影《头脑特工队》已经把“什么是情绪”“情绪是怎样产生的”演绎得非常到位了。在电影中，女婴莱利从出生开始就有了欢乐、忧伤、害怕、厌恶、愤怒五种情绪，皮克斯动画工作室以拟人的方式将这五种情绪变成五个情绪小人——乐乐、忧忧、怕怕、厌厌、怒怒，五个小人彼此和谐相处，莱利的情绪就很正常。在莱利的童年时期，一直是由代表欢乐的乐乐来掌握莱利的大脑的，莱利也因此成了一个积极乐观的小女孩，整天无忧无虑，在童年时期留下了很多美好的记忆。但由于父亲工作的变动，莱利一家搬到了旧金山，在新环境中的种种不适应导致乐乐越来越难以控制莱利的大脑。由于一次失误，乐乐和代表忧伤的忧忧离开了大脑主控室，迷失在莱利的脑中世界里，控制莱利大脑的只剩下分别代表害怕、厌恶、愤怒的怕怕、厌厌和怒怒，莱利也从最初的快乐小女孩变成了一个愤世嫉俗、叛逆乖张的孩子。最后乐乐和忧忧穿越重重阻碍，重回大脑总部，才让莱利找回了以往的快乐。

动画固然有夸张和想象的成分，却道出了情绪之间的关系，也从侧面点出了人类情绪产生的时间。最新研究证明：婴儿在成长的过程中感觉能力也在飞速发展，并能够将自己的情绪表达出来，如大哭、微笑等。婴儿在听到亲人的声音和感受到抚摸的时候会觉得安全和舒适，从而产生愉悦的情绪，不由自主地露出微笑。

人们在产生情绪的同时，身体动作上也会有相应的反应，不同的情绪导致人们出现的反应也不同。例如，出门看到经常见面的邻居，我们会礼貌地报以微笑；见到阔别多年的挚友，我们内心的激动和兴奋就远远不是一个社交性质的微笑能够表达出来的，我们可能会兴奋得热泪盈眶，扑上去给对方一个大大的拥抱。这就是不同情绪导致身体出现的不同反应。情绪越强烈，就越能够让我们的行为举止染上鲜明的感情色彩。

至于情绪的类型和强弱程度，则要根据当时的情境来进行具体分析和判断。由清代小说家吴敬梓创作的讽刺小说《儒林外史》中的名篇《范进中举》，写到范进寒窗苦读多年，连考二十多次都没有考中，受尽了众人的冷嘲热讽，后来好不容易借了盘缠参加考试，本来以为自己依旧会名落孙山，没想到这一次竟然真让他考上了举人。本来这是一件大喜事，但他骤然听闻自己考中的消息，竟然激动得难以自控，高兴得昏了过去，再醒过来的时候人已经疯了，只会在嘴里念叨着“中了”“中了”两个字。直到众人找来范进一直以来都畏惧的胡屠夫，胡屠夫狠狠地给了他两记耳光，他才从疯疯癫癫的状态中清醒过来。由此可见，人们的情绪波动都会在语言和身体的动作上展现出来。

身体动作上表现得越明显，就说明人们的情绪越强烈。比如，喜的外部表现会是手舞足蹈，怒会是咬牙切齿，忧会是茶饭不思，悲会是痛心疾首，等等。这些都是情绪在身体动作上的反映。

情绪是人们维持生存的过程中必不可少的一部分，有了情绪，我们的生理机能才会被充分调动，我们的心理活动才得以进行。情绪也是社交活动中的重要手段，各种情绪能让我们在人际交往中充分展现自我。快乐让我们能够以热情的态度向他人展现善意，结交新的朋友；同情心和同理心让我们懂得维护与他人之间的关系；明显的喜恶让我们和三观相同的人之间的关系更加紧密与和谐，也让个人与集体之间有了连接的纽带。

2. 情绪与情感——微妙的区别与联系

【情景回放】

小李下班回到家里，发现隔壁邻居老两口儿正吵得不可开交。张大妈挥着锅铲，脸气得通红，大声地骂着张大爷；张大爷气得横眉立目，用手直拍着客厅的餐桌，嘴里还不停地反驳。小李连忙上前劝架，好不容易将两个争吵的人分开，小李拉着张大妈询问情况，在大妈大声的控诉中小李明白了两人吵架的原因。原来是张大妈做饭的时候发现酱油用光了，就让张大爷下楼去附近的超市买酱油，可她左等右等也没等到张大爷回来，还以为出了什么事，连忙关了火下楼去找张大爷。等她去超市里一问，营业员说张大爷买完酱油就离开了，买个酱油的工夫人怎么就没影儿了呢？张大妈顿时就着急了，跺着脚直掉泪，埋怨自己不该让老头子下楼去买东西。

幸好一旁的路人提醒她说可以先去张大爷平时经常去的地方或者朋友家找找，张大妈这才匆忙赶到小区内的小花园，果然在小花园里找到了张大爷。张大妈找到人的高兴劲儿在看到老爷子正在做的事情时马上被愤怒取代，原来老爷子不着家是忙着和自己的老朋友下象棋呢，气得张大妈上去就把象棋桌给掀了。张大爷知道自己有错在先，没当场发出火来，直到两人回到家张大妈开始数落他的时候他才情绪爆发，和张大妈吵了起来。

眼看心里的委屈有了合适的倾听者，张大妈的话匣子就打开了，还翻起了以前的旧账。张大妈说起了年轻时候的事："刚结婚没多久我就发现他身上的各种毛病都暴露出来了，那时候我就一直劝着他改，改了这么多年，半点儿效果都没有。"小李开玩笑地说："江山易改、本性难移啊，您既然年轻的时候就发现张大爷身上毛病不少，当时怎么没跟张大爷分开呢？”张大妈嗔怪地瞪了小李一眼，说道：“你们现在的年轻人怎么一言不合就要分开呢？谁家过日子没个拌嘴的时候呢！再说了，那时候我们早就处出感情来了，真要离开他，心里还舍不得。”小李顺势劝了几句，两个老人彼此冷静了一下，心里的怒火也渐渐消了下去，不一会儿就又重归于好了。短短时间内，从之前的剑拔弩张到现在的和平相处，看得小李既满足又惊奇，叹道：“感情可真是个奇妙的东西啊！”

情绪、情感、感情、心情、感觉这几个词语是我们经常挂在嘴边的，这些词语不仅看起来极其相似，本质上也有着相通之处。情绪与情感的相同点在于两者都是人们对事物的态度的体验，是特殊的主观体验，会表现出显著的身体、生理变化，以及相应的面部表情及行为等，它们都会如实地反映出人的需要是否得到了满足。但是如果仔细比较起来，我们还是能够发现情绪与情感之间的较大差别。

情绪在我们的日常生活中可谓无处不在，我们所感受的喜、怒、哀、乐皆是情绪，它是一系列主观认知经验的通称，是多种感觉、思想和行为综合产生的心理和生理状态。和情感一样，它们都是十分复杂的心理现象，但不同的是情绪是与生俱来的。

婴儿从一出生就懂得哭泣和微笑，这与人类的生理需求相关。当人类尚处于婴儿状态的时候，他们还没有形成成熟完善的语言系统，自然无法通过语言来表达自己的生理需求，冷了、热了、饿着了、想喝水了，都无法清晰地表达出来，他们需要通过情绪的发泄使看护他们的大人明白和满足他们的需求，所以情绪与人们的生理性需求有着密切的关联。

情感则不同。相比情绪，它和人的社会性需要有着更为密切的联系。情感既是人们对世界上各种事物的态度，又是人们对客观事物的一种反映形式。所以我们才会听到有人说“我喜欢你”“我爱你”“你令我感到厌恶”或“我恨你”这些带着强烈情感色彩的话。

人在生下来的时候并不懂得什么是情感，随着我们心智的发展和成熟，我们才会逐渐对身边的人生出感情来。婴儿在长到几个月大的时候会对经常照看他的人产生依赖感，很多养育过孩子的家长都有这样的体验：孩子根本离不开人，不管什么时候，只要孩子睁开眼瞧瞧四周，没有看到令他感到安心的那个人，孩子就会哭闹不止；见到陌生人则会躲到妈妈的怀里不让对方抱，被不熟悉的人抱着还会大哭。这时候婴儿对照看者的依恋就不能简单地被称为情绪了，因为孩子已经对照看者产生了依恋之情。

很多人在小的时候有过养小动物的经历。当家里的环境不适合养小动物的时候，父母多半会告诫孩子："不要给小动物取名字，因为取了名字就有了感情，有感情之后再送给别人养就会舍不得了。"在发现一个小动物的时候，孩子的心情是既惊且喜的，而当他们养育了小动物一段时间之后，经过长时间的相处，这种喜悦情绪就会慢慢累积，进而逐渐演变为一种情感。这个时候将孩子熟悉和喜爱的东西从他们身边夺走，孩子自然会舍不得，因为他们在照顾小动物的过程中就已经对小动物产生了感情。

情绪和情感的区别还体现在，情绪是人与动物共有的。近两年来，猛兽被激怒进而对人类做出攻击行为的新闻不时见诸报端。国外一名小女孩在动物园里观赏大猩猩的时候，隔着玻璃对着黑猩猩做出了双手捶打胸膛的动作，本来小姑娘只是为了好玩儿，没想到黑猩猩突然握紧双拳冲上前来猛捶玻璃。倘若不是有一层玻璃挡着，只怕小姑娘早已遭遇不测了。原来，在黑猩猩的肢体语言中，双手捶打胸膛表示示威，小姑娘的行为无疑是在向黑猩猩挑衅，所以被激怒的黑猩猩瞬间暴起，做出了攻击人类的举动。除此之外，动物园里的老虎被游客近距离逗弄之下发起攻击的新闻也屡见不鲜，这说明动物也会愤怒，而且动物的情绪不只有愤怒，它们还会有嫉妒、悲伤、绝望的情绪。

饲养狗的人细心观察的话不难发现，狗在兴奋的时候尾巴会摇个不停；自家的狗在看到主人抚摸别的狗时，会凑上前拍打主人，或者挤到主人与别的狗之间，有的狗还会撕咬跟自己"争宠"的外来狗。由此可见，狗也是有嫉妒心的。

黑猩猩的幼崽在看到母亲的尸体时会十分悲痛，精神萎靡不振，整天守在母亲的尸体旁边，企图唤醒母亲，同时拒绝与其他猩猩一同离开，也拒绝进食，最终在母亲死亡不久之后随之而去。更为奇怪的是动物的自杀现象，1932 年，在英国的一家动物园中，游客们竟然亲眼看到一只猴子用绳子打了个索套，然后把自己的脑袋套进去，双脚一蹬吊死了。这不由得让人猜测，动物也有绝望的情绪，甚至会被绝望的情绪操纵着终结自己的生命。

【情景回放】

杨锐和自己的女朋友孙洁约好了一起去参加一个明星的粉丝见面会，结果杨锐要出门的时候被宿舍里的同学给拦住了，同学说他有急事需要出去一趟，但他的钥匙不见了，得有人留下给他开门，并承诺快去快回。杨锐一看时间还早，女朋友又是经常迟到的人，就答应了对方。结果杨锐没想到平时磨磨叽叽的孙洁这次为了自己喜欢的明星，居然提前到了约好的地方。发现杨锐竟然还没到，孙洁顿时心中生出不满，一打通杨锐的电话就开始质问他为什么现在还没有到，杨锐向孙洁解释了自己迟到的缘故，在孙洁的“快点过来，别耽误正事”的声音中挂断了电话。

同学回来得很快，但杨锐出门的时候恰好遇上了堵车，眼看粉丝见面会就要开始了，孙洁给杨锐打电话的语气也变得严厉起来。杨锐本来遇上堵车心里就已经很着急了，听到女朋友的抱怨他更坐不住了，在路上拦了一辆小摩托飞快地赶向约会地，但还是晚了一步。当他们赶到见面会现场的时候，孙洁喜欢的偶像早就和粉丝互动完离开了，孙洁气得拎起包砸向杨锐。杨锐知道自己有错也不敢反抗，等孙洁发完脾气，杨锐跑到了后台，在后台看到了偷偷溜去买冷饮的偶像，他连忙通知孙洁过来。孙洁赶到的时候恰好和自己喜欢的偶像打了个照面，愤怒和失落的情绪一扫而空，拿到明星的签名合照后，她更是兴奋得似乎要飘起来，抱着杨锐连叫了好几次“亲爱的”。看到她的笑脸，本来自责不已的杨锐心情也好多了。

孙洁对偶像的喜欢就是情感，这种情感是稳定的，不会在外界影响下轻易发生变化。但情绪就不一样，受到环境的影响，情绪的变化是复杂而微妙的。

从人的反应上来看，情感和情绪也有着明显的差别。人的情绪是多变的、不稳定的，开心的人转瞬间可能就会泣不成声，满怀期待的人也可能一转眼就万念俱灰，这些情绪都会因为周遭环境的改变而发生变化。相比情感，情绪还具有情境性、冲动性和短暂性的特征，我们常常说的“怒从心头起，恶向胆边生”就是一种比较冲动的情绪，这种情绪的产生源于外部环境的刺激，而且这种情绪本身可持续的时间非常短暂。在这种极端情绪的控制下，人们往往会做出错误的举动，一旦冷静下来便会后悔不已。

然而情感却不是如此。在西方的婚礼上，牧师会分别对着新郎和新娘说出一段誓词：“×××，你是否愿意娶×××为妻，爱她、安慰她、尊重她、保护她，像你爱自己一样。不论她生病或是健康、富有或贫穷，始终忠于她，直到离开世界？”“×××，你是否愿意嫁×××为妻，爱他、安慰他、尊重他、保护他，像你爱自己一样。不论他生病或是健康、富有或贫穷，始终忠于他，直到离开世界？”

这段誓词实际上就是在询问一个人对另外一个人的情感是否会因外界环境的变化而发生改变。人的感情相对情绪来说是比较稳定、深刻和持久的，它是一种对人对事稳定的态度，尽管不显露于外，却不容忽视。举例来说，孩子打碎了父亲心爱的花瓶，父亲尽管生气，却不会做出抛弃孩子的举动；男人弄坏了女朋友心仪的化妆品，女朋友即便生气也不会轻易提分手；好朋友之间产生了分歧，即便有争吵却不会老死不相往来。因为情感具有持久性和稳定性，人们即便会因为某件事情产生了短暂的负面情绪，也不会因此而了断一段感情。

也正是由于情感的稳定性、深刻性和持久性，我们才能够看到这世界上有很多至死不渝的感情：多年相交的朋友在知道对方陷入困境的时候，不辞辛苦地为其奔走；相亲相爱的家人在遇到危难的时候不是四散而逃，而是拧成一股绳，齐心协力渡过难关；情侣们即便遭受许多挫折，还能够不离不弃，相互扶持着走过岁月的风风雨雨，从青春年少一直走到白发苍苍。

情绪与情感之间虽然有着很多区别，但彼此之间也有着不可分割的关系。情绪虽然千变万化，但总的来说还是要受到情感的影响，在特殊的情况下，人们能够令自己的情绪服从于情感，从而做出一番伟大的成绩。

春秋时期，越王勾践在与吴王夫差的交战中大败，一路逃亡到了会稽，被吴军团团围住，勾践依照范蠡的计策佯装投降，不仅向吴王献上越国的美女与珍宝，勾践本人还要在吴国为奴三年。堂堂一国之君受到如此羞辱，勾践的心里难道就不曾生出半点儿愤怒和怨恨吗？这当然是不可能的。但越王谨记会稽之耻，压下了一切负面情绪，鞍前马后地伺候吴王夫差，三年来恭恭敬敬，不曾发怒，面上也没有丝毫怨恨之色，木讷如农夫一般，甚至做到了“问疾尝粪”。如此苦心孤诣的伪装终于迷惑了吴王夫差，夫差将他放回越国之后，勾践暗中练兵，卧薪尝胆，终于在二十年后发兵一举灭掉了吴国。

人类的情感能够支配情绪、操纵情绪，所以在大多数情况下，我们都能够避免因一时的情绪失控而造成的恶劣后果。当然，人类的情感也依赖于情绪，人们在看到陌生人相互帮助的景象时会被感动，感受到爱和温暖；在看到有人作恶的时候会因为愤怒而仗义出手阻拦；在所在的集体被赞扬的时候会产生一种集体荣誉感；在国家被欺侮之际会产生强烈的爱国主义情感。爱、温暖、正义感、集体荣誉感及爱国主义情感这些情感的产生都源于情绪。

情绪是一切情感发展的基础，情感则是情绪与个人意识、社会道德等整合后的产物，情感的存在、升温、表达都与情绪有着密不可分的关系。

3. 不同性别的人在不同情境中的情绪

前不久网上流行一个段子：一个男人和自己的女朋友发生了争执，女朋友说道："我发现你最近越来越不爱我了。"男人反驳道："我怎么就不爱你了？你从哪看出来的？"女朋友愤怒地指着男人说："我明天不吃饭了，去把你的上司打一顿！"男人一头雾水地说："这跟我的上司有什么关系？你为什么要打我的上司？"女朋友气哼哼地说："你果然是不爱我了，你都不问问我为什么不吃饭！"

虽然是个博君一乐的段子，但是我们也可以看出其中男性和女性在思维方式、关注点等多方面的差异。人们常说"男人来自火星，女人来自金星"，两性在看待同一个问题时的思维往往有着很大的差距。那么男性和女性在面对相同的情境时，情绪是不是也会有很大的区别呢？答案是肯定的。

举例来说，很多男生喜欢玩游戏，当他们看到某个游戏官方推出了新款游戏皮肤和装备时，会激动得恨不得下楼跑上几十圈，然后疯狂地充钱购买新装备，沉浸在获得新装备的喜悦中久久不能自拔。女性对此则没有特别兴奋的感觉，在大多数女性看来，那不就是个装备吗？标上"史诗级"难道就真的绝无仅有了？又不能吃、不能穿的，还不如买衣服来得实在。对男生来说，他们同样不能够理解为什么衣橱里明明已经有一大堆衣服了，女生却依然愁眉苦脸地嚷嚷着没有衣服可穿；在逛商场时看到各大店铺上新款，她们就满心都是期待和"买买买"的狂热购物欲。等买到喜欢的新衣服之后，脸上洋溢着毫不掩饰的喜悦，开心得简直要飞起来。

男性和女性喜欢的事物不同，面对事物的态度自然就有所不同，但面对自己喜欢的事物时，两性内心的感情似乎是相同的。但是为什么在人们的潜意识之中，对男性和女性的情绪发泄有着双重标准呢？男性和女性在情绪的表达上到底有没有区别呢？

【情景回放】

晓晓是个爱哭的女孩子，平时只要她有一丁点儿的不如意，就一定会放声大哭，把所有人惊动。晓晓的妈妈觉得晓晓被家里人宠坏了，一遇到事情就哭，这样不太好。晓晓的爷爷却不以为然，女孩子嘛，总是多愁善感的，爱撒娇，需要家人的关心，很正常。女孩就是应该娇养啊，全家多宠着她点儿才对，就算爱哭也没什么大不了的，总不能让她长成一个假小子吧。但是对晓晓的哥哥阳阳来说，阳阳的爷爷的态度就不一样了，他拿出了双重标准，要求阳阳做个铁骨铮铮的男子汉，不要总是哭哭啼啼的。阳阳的性格有些内向，比较依赖妈妈，遇到解决不了的困难时也会哭鼻子，但是每次他哭的时候阳阳的爷爷和爸爸就会严厉地批评他。阳阳觉得很委屈，只敢躲到妈妈的怀里偷偷哭，这时候妈妈就会温柔地安慰他，并询问他遇到了什么困难，再想办法引导他自己解决问题。

长期以来，人们的潜意识之中对男性和女性的情绪表现形成了较为刻板的印象，认为女性就是比较情绪化的，容易情绪失控，需要别人哄着陪着，更有人认为哭是女孩子的特权；而男性就应该坚强点，有泪不轻弹，大部分男性也都很少将自己的情绪摆在脸上，或者轻易表达出来。那么，这是不是表明男性其实没有那么多的情绪呢？实则不然。没有表现出来，并不代表没有，事实上，男性比女性对情绪的体验强度还要大一点。

心理学家为了研究男性和女性在情绪方面的性别差异，做过一个实验：心理学家选出了79名志愿者，这些志愿者有男性也有女性。在参加实验的过程中，心理学家为志愿者们发放并佩戴记录心率的手环，并分别播放了展现八种不同类型情绪的视频，这八种情绪视频分别是愉悦、搞笑、惊奇、悲伤、恐惧、愤怒、厌恶和中性的。心理学家在每播放完一段视频时，都会询问志愿者们的观看感受，以便作为情绪表达的根据，同时记录下他们的心率，作为情绪体验的标准。心理学家也注意观察了这些观看者的愉悦程度、唤醒度、趋近和回避动机强度等，作为指标。

等实验的结果出来之后，心理学家感受到了冲击和讶异，因为他们发现，女性的情绪表达程度与心率变化指数并不相称——当观看愉悦、搞笑和愤怒类型的视频时，很多女性志愿者都清晰、激烈地诉说了自己的情绪体验，如开心、捧腹大笑、怒火中烧等，但实际上她们的心率波动并不是很大；而当男性志愿者平静地诉说自己观看此类视频的情绪感受时，他们的心率起伏却非常大。当观看恐惧和厌恶类型的视频时，更多女性志愿者诉说了自己的极度惊恐和对视频的深恶痛绝，且有着回避的心理，但她们的心率波动却不是很明显；男性志愿者则恰恰相反，他们表面上看起来无所谓，心率却有着明显的起伏变化。

实验结果证明，某种程度上，男性的情绪体验强度更大，但是出于种种原因他们并没有将自己的情绪体验表达出来，尽管他们内心已经波涛汹涌，但表面上似乎仍然是不动声色；女性则不同，尽管女性的内心波动不大，但她们却可能会在无意之间夸大自己的情绪体验。

4. 创造力的源泉——情绪与创造力

北宋著名的文学家苏轼在玉堂署任职的时候，曾经和自己的幕僚聊到自己的词作，苏轼想知道自己写的词与柳永的相比哪个更好些，便直言相问。这位幕僚非常聪明，他并没有直接说哪个好哪个不好，而是说出了一段非常经典和贴切的话：柳永的词适合十四五岁的少女，拿着红牙板，咿咿呀呀地唱“杨柳岸晓风残月”；您的词得须关西大汉，用铜琵琶和铁绰板伴奏，中气十足地唱“大江东去”。这段话刚好道出了两位词人的写作特色。柳永的科举之路艰难，屡屡落第，心中难免因为失意而生出苦闷的情绪，他的词作如他的人一样，满腹哀愁，柔肠百转，所以柳永写出来的作品无不缠绵悱恻、凄婉动人；苏轼的词作也与他本人的性格非常相似，苏轼性格豪爽直率、乐观旷达，所以他写出来的词作总是气势恢宏、豪情万丈，读来动人心魄。古人常常以诗抒情，以歌咏志，在流传千年的众多文学名篇中，我们能够看到才华横溢的文学家们或婉转含蓄，或直白豪迈地表达内心的想法，宣泄自己的情绪。

翻开现在中学生的语文课本，我们可以发现里边收录了很多带有非常强烈的感情色彩的诗作，其中非常著名的一首诗就是杜甫的《春望》，这首铿锵有力的五言律诗写道：“国破山河在，城春草木深。感时花溅泪，恨别鸟惊心。烽火连三月，家书抵万金。白头搔更短，浑欲不胜簪。”寥寥几句，就把一个在乱世奔走、忧国忧民的悲苦诗人的形象勾勒出来。烽火连天的动乱时节，背井离乡的杜甫因为战火而接不到家人的来信，他既思念家人、牵挂家人的安危，又为国家和战乱中遭殃的百姓担忧不已。但面对时局的动荡，他自己什么也做不了，只能搔首踌躇，暗自发愁，直愁得白发稀疏，几乎插不上簪子了。内心的忧愁与愤懑和浓厚的爱国之情被杜甫通过寥寥几句诗表达得淋漓尽致。

与之相对的是杜甫的另外一篇名为《闻官军收河南河北》的七言律诗，诗中写道："剑外忽传收蓟北，初闻涕泪满衣裳。却看妻子愁何在，漫卷诗书喜欲狂。白日放歌须纵酒，青春作伴好还乡。即从巴峡穿巫峡，便下襄阳向洛阳。"这首诗一改之前的沉郁顿挫，变为明朗愉悦，令一个为了国家收复失地而喜极而泣、欣喜若狂的爱国诗人的形象跃然纸上，杜甫满心的欢喜似乎已经从诗中溢了出来。愉悦的情绪感染着阅读这些诗句的人，让读者在诗人的带动下不由自主地开心起来。

通过以上两首诗我们可以发现，无论作者写什么风格和题材的作品，其作品与作者本身的情绪和情感都有着密不可分的关系。那么，在艺术创作的过程中，情绪与情感扮演的是什么样的角色呢?

我们都听过这样一句话："艺术来源于生活而高于生活。"何谓生活，自然是人类本身和其生存的环境及人类所专注的各种事物，这些联合起来组成了人类生活的全部内容。"人非草木，孰能无情。"在日常生活中，人们往往会有各种各样的情绪，也会对不同的人、事、物产生情感。人都有倾诉的欲望，情绪和情感不仅会从眼角眉梢显露出来，还会通过语言、肢体动作等多种形式表达出来。人们表达情绪和情感的方法有很多种，不同的人有着不同的表达方式，有的人含蓄，有的人直爽。含蓄的人会斟词酌句，婉转地透露出自己的情绪和情感，多数时候需要别人猜测他们的情绪和心理，哪怕生气的时候也只是生闷气。直爽的人在表达自己情绪的时候，三言两语便倾诉了出来，总是直言坦白自己开心与否；在表达自身情感的时候，他们也会简单直白地告诉对方"我喜欢你""我想和你在一起""我不想见到你""我恨你"等；而在发泄愤怒的时候，他们同样会直接表达出不满。

另外，还有一些人能够将自己的情绪和情感通过艺术创作的方式表达出来。在西汉著名的史学家、文学家、思想家司马迁的作品《报任安书》中有这样一段经典的话："盖文王拘而演《周易》；仲尼厄而作《春秋》；屈原放逐，乃赋《离骚》；左丘失明，厥有《国语》；孙子膑脚，《兵法》修列；不韦迁蜀，世传《吕览》；韩非囚秦，《说难》《孤愤》；《诗》三百篇，大抵圣贤发愤之所为作也。"

司马迁认为，这些经典著作诞生的契机都是作者在生活中遭受了巨大的挫折，内心郁结，情绪情感等方面有压抑不解之处，或者没有能够实现自己的理想，所以才将满腔情绪经过文学素养与才华的整合转化为思想结晶，以文字的方式记录下来。这些作品不仅可以用以抒发自己的怨愤之情，还能够表露自己的本心，以便后人了解他们的志向。也就是说，情绪可以是一个人创作的动力，正因为内心有情绪要发泄出来，所以才有了这些传世名篇。

国外的很多文学家和艺术家与司马迁的想法不谋而合。英国诗人托马斯·艾略特认为："诗人的任务并不是寻求新情绪，而是要利用普通的情绪，将这些普通情绪锤炼成诗，以表达一种根本就不是实际的情绪所有的感情。"的确如此，艺术创作的形式多种多样，如音乐、文学、电影、舞蹈、美术等，但每一种艺术创作无不是在折射创作者的内心，反映着创作者的情绪和心理需求。好的作品如果想打动人，首先要做到的就是表达自己的情绪，然后通过艺术创作引起观众的情绪反应和心理共鸣。

前段时间，歌曲《我的祖国》重新掀起了一阵热潮。简单质朴的两句"一条大河波浪宽，风吹稻花香两岸"就能够引得听众不由自主地合唱起来，这与歌曲本身的魅力有着密切的关联。这首歌是电影《上甘岭》的主题曲，委婉动听的女声独唱真挚朴实，亲切生动的歌词为人们描绘出了一幅幅家乡的美好景色，让听众产生了浓厚的思乡之情和对于祖国、家园深深的热爱之情。后半部分的合唱更是有着排山倒海的磅礴气势，将志愿军战士们的激情和英雄气概表现得淋漓尽致。歌词中，满是词作者对于祖国真挚深沉的热爱，这种浓厚的感情感染了听众，所以，即便几十年过去了，这首歌也依然有着打动人心的力量。

如果说情绪是一个人创作的动力，那么情感便是艺术创作的灵魂。著名雕塑艺术家罗丹说过“艺术就是感情”，对此歌德与他的观点一致，而且，歌德认为，没有情感也就不存在真正的艺术。而列夫·尼古拉耶维奇·托尔斯泰则认为：“艺术起源于一个人为了把自己体验过的感情传达给别人，于是在自己的心里重新唤起这种感情，并用某种外在的标志表达出来。”情感是决定一个作品成败的关键，倘若内心并没有情感要表达却强行创作，就落入了言不由衷、无病呻吟和“为赋新词强说愁”的尴尬境地，创作出来的作品也会变得呆板无趣，缺乏让人为之动容的力量。

凡·高说过：“艺术家应该从他的内心去观察。”而他本人也是荷兰后印象派画家和后印象主义的先驱。从文艺复兴时期到十九世纪，西方传统绘画的表现手法一直是以写实为主，崇尚理性，注重对所画事物的模仿和再现。直到十九世纪末印象派诞生，画家们开始不满足于极尽完美地去模仿实物，而是开始在自己的画作中表达自己的情绪和自己对所绘事物的认识与理解。到后印象派诞生，画家们更加直白和强烈地在自己的作品中宣泄自己的情绪，表达自己内心的真实感受。

凡·高的经典画作《麦田》，曾被人认为是凡·高的绝笔之作。在这幅画中我们可以看到，黑云密布的天空仿佛恶魔的手掌一样沉重地压了下来，压在金黄的麦田上，压抑的画面几乎让人难以呼吸，而在麦田与黑云之间还有一群代表着死亡的黑色乌鸦从厚重的云层中结队而来，仿佛死神收割生命的镰刀，让人不由得产生了强烈的压迫感。在创作这幅作品的时候，凡·高正深陷精神疾病的折磨之中，画作不被赏识的痛苦和世人的漠视狠狠地折磨着他脆弱的神经，不可否认，凡·高将自己极度压抑和痛苦的情绪融入画作之中，以至于观赏者在观看的时候，能够被画面中扑面而来的痛苦和压抑震慑。

品鉴众多艺术作品后我们可以发现，尽管艺术家的生活经历各不相同，构思艺术作品和艺术创作的形式与风格也千差万别，但他们都有相通的一点，那就是真挚的情感和激发创作欲望的强烈情绪。只有情绪的变化才能够为一幅好作品的诞生提供无穷的动力，只有充斥着作者情绪的作品才能够让品鉴者产生情感和心理的共鸣。情绪与情感，缺乏了其中任何一个，艺术作品都会如同丧失了灵魂的傀儡一般令人感到乏味至极。

5. 不可或缺的信号——情绪的功能

【情景回放】

婷婷是一名销售公司的职员，到了月底总结的时候，因为个人的销售指标没有达到，婷婷被她的部门经理叫到办公室劈头盖脸地训斥了一顿。婷婷觉得非常委屈，她这次的销售指标之所以没有达到，是因为同部门的同事几度抢走了她的客户。但经理不管职员们的内部矛盾，他只看业绩，销售业绩不达标就得挨批评。经理还让婷婷写月末总结和保证书，写完后发到自己的邮箱里，眼看就要下班了，经理的意思非常明显，就是要让婷婷加班。

婷婷心里很生气却没有办法，下班时间一到，同事们纷纷离开公司回家了，那个抢了婷婷客户的同事走过婷婷身边的时候还对她冷嘲热讽，气得婷婷差点儿跟她吵起来，还好同事们及时把两个人劝住了。虽然对方已经离开了，可婷婷还是觉得非常生气，她去洗手间洗了把脸，怒火平息下来之后才重新坐到自己的位置上写月末总结。

从学校毕业之后，婷婷就很少动笔写总结之类的文章，所以写起来非常困难，加上还有保证书，婷婷写了一会儿，烦躁得恨不得砸电脑。耗费了整整三个小时，婷婷才写完了月末总结和保证书，发送到了经理的邮箱里。出了公司之后，婷婷发现天上不知什么时候下起了雨，婷婷早上出门的时候没有带伞，恐怕这会儿是要淋雨了，想到这些，婷婷不由得埋怨道：“真是烦人，连老天都跟我作对！”婷婷看了看手表，发现时间已经不早了，只好打车回家。

尽管她已经很小心地避雨，可还是被淋成了“落汤鸡”。司机师傅一路上也没有跟婷婷搭话，直到下车回家之后她才发现自己的包落在了出租车上，虽然包里没有什么贵重物品，但这一连串的倒霉事还是让婷婷心力交瘁，即便闻到楼道里饭菜的香味也没能让婷婷的心情轻松起来。

回到家之后，婷婷的丈夫已经做好了饭菜，儿子正乖乖地坐在客厅里看动画片。婷婷勉强挤出一个微笑，说道：“我回来了。”

丈夫看了看婷婷的脸色，主动走上前帮她把拖鞋拿出来，还走到客厅小声嘱咐儿子：“你妈妈今天心情不太好，你吃完饭自己乖乖回房间写作业，别去吵她。”儿子看看妈妈毫无精神的样子，听话地应了一声，主动把动画片的声音调小了。婷婷和家人安安静静地吃了饭，餐桌上，儿子难得没有挑食，这样婷婷的心情才稍微好了一点儿。看到丈夫自觉地收了餐具去厨房洗刷，儿子也关掉电视从书包里拿出了作业，婷婷不由得诧异起来，问儿子：“你们今天是怎么了？怎么这么乖？平时你和你爸爸可不是这样的啊！”儿子说：“爸爸跟我说你心情不好，让我不要惹你生气。”

婷婷问在厨房洗碗的丈夫：“你怎么知道我心情不好？我明明还对你们笑了，烦心的事情都没有提啊。”婷婷的丈夫说道：“在一起这么久，不用你说，我也能看出来，你这个人情绪都摆在脸上了。你本来就不开心，我们担心你，不想再让你生气，所以都自觉了点儿，该做家务做家务，该写作业写作业。现在说说吧，你遇到什么烦心事了？”婷婷这才开始对家人讲述自己倒霉的一天。

人在不同情况下的面部表情往往代表了他们不同的心理状态，表情的变化也就代表着人的心理和情绪的变化，所以婷婷的家人能够通过婷婷的面部表情判断她是否开心、是否疲惫，从而调整自己的行为，避免发生家庭矛盾。如果婷婷的丈夫没有发现她情绪的低落，依旧像平时一样，吃完饭往沙发上一坐，什么事情也不做，抱着手机玩个没完没了，儿子也继续看着动画片，不肯写作业，那么婷婷的心情肯定会因为这些变得更加糟糕，甚至会跟家人产生争执，将之前在公司和在回家路上累积的所有愤怒和委屈一股脑地发泄到无辜的丈夫和儿子身上。

好在婷婷的丈夫及时发现了婷婷低落的情绪，主动分担了家务，这才令婷婷的心情得以好转。我们能够根据一个人的表情判断一个人的心理状态，情绪在其中起到了不可忽视的作用。情绪就像是人们心理活动的一个指向标，从情绪的起伏变化我们可以了解一个人心理状态的改变。

那么，情绪具体有哪些功能？在我们的生活、工作、交友等社会性活动中，情绪又起到了什么样的作用呢？心理学家经过分析，将情绪的功能分为以下几种。

1. 帮助人们适应生存环境

长期以来，心理学家对情绪展开了一系列的科学研究，根据情绪与生俱来的特性，心理学家认为情绪能够帮助人们适应生存环境。动物就会因为某些特定的生理唤醒而出现各种适应行为。仔细观察动物的生活习性，我们可以发现，低等动物除了有怒、怕、爱，并没有其他高级的情绪，而怒、怕、爱这些情绪都是与他们的生理行为——搏斗、逃跑、求偶、哺喂幼崽等有着密切关系的。

但人类的情绪却能够随着个体的成长而逐渐丰富和完善，而且这些情绪能够帮助我们改善生活环境。很多人会见到孩子在玩具店哭闹的情形，当孩子看到想要的玩具时，有的孩子会眨巴着大眼睛，满眼期待地看向自己的家长；有的孩子则会放声大哭，甚至在玩具店门口打滚，死活不肯走，直到家长掏钱把玩具买下来，他们才心满意足地收起眼泪，露出笑容。

孩子在语言体系没有建立起来的时候非常善于运用自己的情绪来令自己所处的环境变得更加舒适，比如当孩子面对被父母包裹得热了、周边环境太过嘈杂了、生病了等情况时，他们就会通过哭等行为来向父母表达自己不舒服的不满情绪。当父母体察到孩子的情绪时，就能够及时地做出一些应对，令孩子感觉更加舒适。当然，情绪有的时候能够改善人类的生活环境，有的时候也会让个体的生活空间变得更加糟糕。

老孙和自己的邻居老杨因为抢夺天台上一块种菜的地方而发生争执，前几次只是吵架，直到后来老孙发现自己在天台上种的菜居然都被老杨拔掉了，而种了其他菜，这让老孙怒不可遏，冲到老杨的家里和他大声争吵起来。老杨也不甘示弱，两个人吵着吵着竟然还动起了手，各自打了个鼻青脸肿。从此两家人再也不来往，提起对方都是咬牙切齿、连声咒骂的，每次老孙和老杨在小区里相遇，也都是恶狠狠地互相瞪上一眼，谁也不理谁。

比如你与邻居闹矛盾，最开始双方可能只是在争吵，随着情绪的变化，你们可能会大打出手，甚至从此断绝互相往来。可见，情绪虽然能够有效地改善生存环境，但运用不当，也容易使生存环境恶化。但总的来说，情绪的作用是利大于弊，因为正是无时无刻不存在的情绪提醒着人们了解自身所处的环境和他人的心理状态，以便自己更好地适应和融入当前的生活环境。

2. 在人际交往过程中提供信号

我们都知道，情绪和情感是人们在面对外部环境时的一种正常反应，见到鲜花盛开，万物繁荣生长，人们的情绪会不由自主地变得愉悦起来；秋天看到寒风吹过，满地落叶，我们会不由自主地生出一种惆怅的情绪；见到母亲亲昵地亲吻宝宝的额头，我们会不由得产生一种温暖和感动的情绪；见到一些遭受病痛折磨的人，我们也会不由得为之伤心。这种情绪能够非常迅速地帮助我们适应外部环境，尤其是在人际交往的过程中，情绪的信号功能所起的作用就非常明显了，因为人们已经学会通过情绪来表达自己的观点、想法、态度和心理诉求。

我们微笑、蹙眉都是在表达自己的情绪，而这些情绪就相当于一个个信号，准确地向周围的人传递着我们的心理信息，进而影响对方的行为。微笑可以说是世界通用的语言，不论哪个国籍、哪个种族的人，在表达友好和善意的时候，无一例外地会露出笑容，而接收到对方所传达的善意时，人们也会报以笑容，因为这是一个表达友善的信号。但当我们冷着一张脸的时候，对方就会自觉地减少与我们交流的次数。

小美是个内向的女孩，平时总是沉默寡言，也不太擅长和别人聊天，虽然她没有跟班上的任何一个同学产生过争执，但她还是感觉到了同学们对她的疏离，平时同学们在一起聊天的时候，大家总是忽略小美的存在。小美非常苦恼，作为一个刚升入高中的学生，她也很想交一些新朋友，每次看到别的关系好的同学一起去逛街、聊八卦，小美都很羡慕。

有一天，小美实在忍不住，在聊天的时候询问了大家对她的看法，并有些委屈地质问大家为什么总是忽视她。大家有些尴尬地说："不是我们忽视你，你难道不知道你有一个外号叫'冰美人'吗？每次大家一起聊天，你总是板着一张脸，看起来很不开心的样子，我们就以为你对我们聊的话题不感兴趣，所以都没人敢跟你搭话。"小美这才明白原来是自己的问题。当她尝试微笑着和同学们打招呼的时候，她发现周围的人对她都友善了起来，和她一起玩的人也变多了。

情绪能够展现一个人的心理状态，即便不通过语言的表达也能够向他人传达明显的信号。所谓的察言观色，就是通过观察面部表情来判断一个人的情绪，有了情绪这个信号功能，人际沟通才能够更加顺畅，能避免很多不必要的麻烦。

3. 对心理活动的组织功能

情绪是一个复杂的心理过程，有自己的运行规律，同时还能够组织人类的某些心理活动和肢体动作。人们在兴奋的时候会手舞足蹈，在积极情绪的影响下，做事的效率也会明显提高。但是消极的情绪却能够破坏一个人做事的积极性，当我们不停地打击和嘲笑一个满怀希望的年轻人时，久而久之这个年轻人的内心就会产生自我怀疑，认为自己真的不行，甚至有可能直接导致这个年轻人放弃正在努力的事情。

情绪不仅具有组织心理活动的功能，还能够适当地调节人们身心的状态。俗话说"没有压力就没有动力"，这种压力既是精神压力又是心理压力，当一个人感受到适当的压力时，他不但不会被压力吓倒，反而会浑身充满干劲儿。这是因为情绪从中进行了调节，使人的身心处于一种适宜活动的良好状态，所以能够很好地促进人们尽快完成自己要做的事情。

清朝的大臣左宗棠是一个热爱下棋的人，他经常穿着普通民众的衣服前去拜访那些擅长下棋的民间高人。在领兵收复新疆之前，左宗棠曾经前去拜访一位擅长下棋的老者。他来到老者的家门口，只见上方悬着一方“天下第一棋手”的牌匾，左宗棠便想要和老者切磋一下棋艺。老者接受了他的挑战，两个人坐下来对弈了三局，结果老者三局都输给了左宗棠，左宗棠高兴得哈哈大笑。他对老者说：“我接连赢了你三局，我看你这‘天下第一棋手’的牌匾得摘下来啦！”老者面带微笑连连称“是”，还命仆人当场把牌匾摘了下来，左宗棠志得意满地离开了。

等到左宗棠收复新疆之后故地重游，又看到老者的门前重新挂出了“天下第一棋手”的牌匾，左宗棠便再次进门和老者切磋棋艺，结果左宗棠一连三局都输给了老者。左宗棠惊奇地说道：“老人家，您的棋艺增长得也太快了吧！上次您明明还下不过我的！”老者笑着说道：“上次之所以输给您是因为知道了您的身份，您当时即将带兵收复新疆，我担心赢了您会挫伤您的锐气，影响您作战，所以我才会让着您。但现在您已经成功抵御了外敌入侵，收复了新疆，我没有了顾忌，所以才坦诚地展露出了全部的棋艺。”

古时候作战讲究“一鼓作气，再而衰，三而竭”，这与情绪也有着莫大的关联。当人们铆足干劲去做一件事的时候，他们的精神和情绪状态都被调动了起来，这个时候，如果有人一而再再而三地挫伤他们的热情，那么他们当初的勇气就会荡然无存，高涨的情绪也会变得低落，本来能够做成功的事情也可能会搞砸。

4. 健康功能

情绪还能够对人的健康产生一定的影响，俗话说“笑一笑十年少，愁一愁白了头”，就是说积极的情绪能够让人长寿、显得年轻，常被忧愁、悲伤这些负面情绪围绕的人则容易衰老。情绪真的有那么神奇的作用吗？的确如此，在家庭纠纷中我们常常能够听到有人说“××× 气得当场昏了过去”或者是“××× 气得大病一场”，这正是因为情绪的作用。情绪能够影响人的心理健康，并且能够通过神经、内分泌、免疫系统等引起生理上的变化，过度的情绪还容易导致个体患上疾病。当然，合理地宣泄情绪也能够预防或者治疗许多的身心疾病，如焦虑症、抑郁症、躁狂症等。

英国著名的化学家法拉第曾经因为过度工作、精神长期处于紧绷状态而身体虚弱，动不动就会生病。尽管法拉第抽出时间去看了很多医生，开了大把的药，但是他的病情依旧反反复复，始终没有痊愈。后来法拉第听说城里来了一位名医，便抽空去拜访了这位名医，希望对方能够治好自己的病。医生听完法拉第对自己病情的描述后，笑着说了一句英国著名的谚语："一个小丑进城，胜过一打医生。"

法拉第听完这句话，皱着眉头思考了半天，没多久便会心一笑，谢过了医生，转身离开了。自看病那天之后，法拉第合理地安排了自己的工作时间，劳逸结合，闲暇时间还会去看看喜剧表演，调节自己的心情，让自己的情绪处于愉悦的状态。过了一段时间之后，法拉第的病不治而愈，身体也变得更加健康了。

人们常说"情绪是把双刃剑"，诚然如此，积极的情绪有利于人们心灵的纾解，使人们从中获得平衡感和幸福感，让人们以更加乐观积极的态度去面对生活；但负面的情绪也无时无刻不在影响着人们的身心健康。所以在享受积极情绪带给我们的快乐和健康时，我们也要时刻注意负面情绪带来的不良影响，以免做出让自己后悔的行为。

5. 影响记忆力

心理学家做过这样一个实验：他们挑选了一百个孩子，先安排其中五十个孩子观看小丑表演，让这些孩子的情绪处于积极愉悦的状态，然后要求孩子们背诵一首诗歌；另外五十个孩子则先观看一些基调悲伤的表演，然后让他们背诵同一首诗歌。结果观看喜剧的孩子很快就背出了整首诗歌，而那些观看了悲伤视频的孩子背诵出诗歌则需要更多的时间。由此可见，积极愉悦的情绪有助于增强人们的记忆力，负面的情绪则会让人的记忆力下降，降低学习和工作的效率。

6. 踢猫效应——情绪传染病

在心理学上有一个著名的“踢猫效应”，它指的是对弱于自己或者等级低于自己的对象发泄不满的情绪而产生的连锁反应。有一个小故事可以准确地诠释“踢猫效应”。

【情景回放】

有一天，一家公司的老板在办公室里对着部门经理大发脾气，批评他工作做得不到位，管理职工的方式也有问题，导致职工的工作效率一直提不上去，公司的业绩平平。部门经理满心委屈，他认为自己一直以来都在为了提高公司的业绩而努力，手下的员工相比之前来说也有一定的进步，老板这样不分青红皂白地批评自己是不对的。但是当老板训话的时候他还是乖乖地低下头听着，丝毫不敢反驳。

出了老板的办公室，部门经理在茶水间看到正在休息的员工小张，心里的怒火顿时有了发泄的出口，他对着小张大声批评道：“平时不是迟到就是早退，都什么时候了还在这里‘摸鱼’，你想让我扣掉你的奖金吗？工作都做完了？没做完还不赶快回去做，今天做不完你们全部门的人都给我留下来加班！”话音落地，部门所有人的眼睛都紧紧地盯着小张，眼神里不约而同地写满了责怪，好像在怪小张连累他们加班了一样。

部门经理前脚刚走，后脚就有同事开始埋怨小张，这个说：“哎呀，这怎么做得完嘛！小张都怪你，好好的晚上被你给搅和了，今天说好了要和我女朋友一起去看电影的，这下她肯定会生我的气。”那个讲：“天哪，这怎么行，我今天不能加班啊，今天轮到我去幼儿园接孩子了，上次让我老公接孩子，他都跟我吵了一架。真是的，小张你干吗平白无故地去触经理的霉头啊！”一时之间办公室里满是怨言。

小张自己也委屈着呢，经理分明就是冤枉人，凭良心讲，他哪一天不是早早到了公司，到了下班时间才离开的？哪里有迟到早退的情况？经理今天到底抽了什么风，乱给人添罪名，何况平时大家工作累了都会来茶水间喝杯茶放松一下，往常都没说什么，怎么今天就跟机关枪似的突突个不停呢？还偏偏让自己撞到了枪口上，害得他成了全部门仇视的对象。

小张心里的这股怨气直到加班结束回到家里还没有消下去，这时候小张看到了自己正守在电视机前的儿子浩浩，气得他当场扔下公文包，拔了电视线，训斥起了浩浩：“还在这里看电视，你们老师布置的作业都写完了？上次月底的测验三门功课都不及格，现在还有脸玩儿，给你交学费是让你随便浪费的吗？还不回房间去写作业！”浩浩吓得两眼含着泪，连自己是写完了作业才去看电视的事实也不敢讲出来。

这时小张的老婆连忙上前给儿子解围：“你干吗呀！一回来就骂孩子，浩浩功课做完了我才让他看电视的。”说着她从兜里掏出十块钱，让儿子下楼去超市买包盐，多余的给浩浩做零花钱。小张知道自己做错了，也没好拉下脸给儿子赔礼道歉，浩浩接过钱抹着眼泪下了楼。在去超市的路上，浩浩越想爸爸批评他的事情就越觉得愤怒和委屈。

这时经常在小区里扒垃圾箱的一只流浪猫凑了上来。这只猫是小区里的常客，经常有好心人喂它，所以它见到人非但不害怕，还会主动凑上前讨吃的。浩浩正心烦意乱，流浪猫又老是围着他打转，“喵喵喵”地叫个不停，浩浩更心烦了，气得一脚踢了上去，流浪猫吃痛，哀号了两声，飞一样逃离了小区，一路飞奔到了公路上，刚好遇见了驾车疾驰的小张的老板。老板不防备一只猫会突然出现在路口，吓得又是踩刹车又是打方向盘，最后还是误把油门当刹车，一下子撞到了公路的护栏上。

小张的老板也许不会想到，自己出车祸的原因竟然是早上对部门经理发的那通脾气。心理学上把不良情绪朝等级低于自己或者弱于自己的对象发泄并产生连锁反应的现象就叫作“踢猫效应”。我们可以看到在踢猫效应的故事中，坏情绪像疾病一样能够从一个人身上传染到其他人的身上，而这种传染顺序一般是从金字塔的顶端向底端传递的。

美国的一位心理学家和自己的同事经过研究发现：人类的所有情绪都能够在短时间内从一个人身上传染到另外一个人身上。这有点儿类似于孟子所说的“近朱者赤，近墨者黑”。和快乐的人在一起时我们能够感受到快乐的情绪，从而令自己的情绪高涨；而和悲伤的人在一起时，我们也能够感受到悲伤的情绪，同时令自己的情绪变得低落。情绪的传染速度非常快，虽然有时候当事人未必能够感受到情绪的传染，但在旁观者看来，个人的情绪变化却非常明显。

举个极端的例子：在参加他人的葬礼时，看到别人悲伤的面容，我们的内心也很难愉悦起来，会不由自主地满脸哀戚，很快就融入了肃穆沉重的气氛之中；而在参加他人婚礼的时候，我们可以发现没有任何一个人会哭丧着脸，每个人都是喜气洋洋的，仿佛要结婚的那个人是他们自己，他们被当事人快乐的情绪感染了，所以不由自主地开心起来。

心理学家们还发现，人们在宣泄自己的情绪时，会形成一个心理磁场，身处在这个磁场周围的人都会感受到宣泄情绪者本身的情绪。很多学校喜欢请一些成功者为学生做演讲，很多听过演讲的学生被感动得热泪盈眶，这正是由于演讲者本身的情绪和事迹影响到了听众。

前一段时间网络上因为南海的问题，再次激发了人们的爱国主义情感，简单的一句“南海一点儿都不能少”引得无数网友纷纷转发，国人都自发行动起来，尽自己的努力表达着维护领土和主权的决心。这就是情绪感染所带来的动力。

除此之外，情绪的感染还有着转移作用，这一作用用成语“爱屋及乌”就能够准确地概括——喜欢一个人甚至连这个人房顶上的乌鸦也一并喜欢了。这一点在很多粉丝对他们偶像的态度中常有体现，粉丝如果发现自己的偶像接拍了一部电视剧，那么即便对这个题材的电视剧兴趣不大，粉丝们还是会为了给偶像捧场而去观看这部电视剧；而当自己的偶像明确地支持或者反对某件事情的时候，理智的粉丝会分析偶像所选择的立场是否与自己的价值观相悖，从而做出正确选择，还有一部分不甚理智的粉丝则不管偶像所做的选择是否正确，一律支持，这也是情绪传染的一种形式。

情绪的传染在不同等级的互动中表现得格外明显：

在职场上，如果老板心情愉悦地和员工开玩笑，那么员工就会受到上司的这种愉悦情绪的感染，精神也会随之放松下来，做事情的效率就会得到一定程度的提高；然而如果老板一进办公室，就气势汹汹地对着员工发了一通脾气，那么员工一整天都会心惊胆战，做事情也小心翼翼、缩手缩脚，即便有事要请示老板，也会你推给我、我推给你，以免自己变成上司的出气筒，在不知不觉中降低了工作效率，使工作环境更加压抑。

但如果员工情绪不好，却很少能够影响到上司的情绪，这是因为人类的本性之一——“柿子要捡软的捏”在作祟。下级大多数情况下不会对着自己的上级发泄不满的情绪，除非他不想继续干自己的工作了。

这种情况在教师与学生之中也非常明显。教师的情绪对学生有着重大的影响，当一个老师面带笑容地向学生提问时，那么学生在老师积极情绪的感染下也会变得更加自信，答题时更为流畅；但如果老师一进教室就板着脸，面色不善，语气严厉地向学生提问，那么很有可能学生原本想好的答案在说出来时也会变得磕磕巴巴；当老师因为某个学生的答案不正确而大发脾气的时候，如果老师再次提问，那么举手作答的学生就会变得寥寥无几，这是因为受老师的负面情绪感染，学生在精神上感受到了很大的压力，即便面对他们会做的题，他们的内心也会因为担心老师发脾气而变得忐忑不安，学习的积极性也会备受打击。

虽然老板和老师都没有明说自己的情绪是积极还是消极的，但是员工和学生却能够准确地感受到对方的情绪变化，从而调整自己的工作和学习状态，以便让自己少受到其负面情绪的波及，这就是情绪感染的作用。

当然，情绪感染不只是在上下级之间存在，人与人之间都有情绪感染的现象，这是因为人都有发泄情绪、倾诉内心的需要，这种渴望在人们受到环境、交谈对象、突发事件等因素的影响时表现得尤为强烈。

当一个人受到外界刺激产生负面情绪时，他会在潜意识的驱使之下找到那个弱于自己或者迫于等级不敢还击的人进行情绪发泄，所以在职场上我们经常可以看到有些职务高的人会迁怒于自己的下属，而下属同样会找到一个弱于自己的人发泄情绪。在家庭中我们也会看到心情不好的丈夫将坏情绪发泄给妻子或者子女，子女再将不良情绪发泄给家中的宠物或者自己的玩具，等等。

负面情绪造成的不良影响不容忽视。在管理学中有一个名词叫作“烂苹果效应”，就是指当我们在一筐苹果之中发现一个烂苹果的时候，那么无疑，这筐苹果中的一部分甚至是一整筐苹果都有可能会烂掉。因为一个烂苹果会传染其他苹果，导致其他完好的苹果也迅速烂掉。不良情绪也会像烂苹果一样传染给他人，使他人的情绪落入低谷。

【情景回放】

齐齐是个乐观的女生，为人开朗热情，做事积极，平时也不喜欢抱怨，但是最近公司给她们部门分配了一个新的女同事，叫作张萍，是个大学没毕业的实习生。齐齐挺乐意带新人的，但是没多久齐齐就发现，这个新同事好像有些过度悲观。每次部门经理分配任务的时候，张萍都会不满地对齐齐抱怨：“怎么经理每次分给我的任务都这么多，难道就因为我是新人，他们就可以欺负我吗？”齐齐总是安慰她：“你想多了，大家的工作量都是一样的，为了照顾新人，经理还把你的一些任务分给了我们。”

任务做不完的时候张萍又会抱怨：“怎么分配这么难的任务给我，是在故意刁难我吗？还是说我太笨了，做什么都不行。”齐齐劝她：“不是的，你不用怀疑自己的能力，我刚来的时候也这样，等你业务熟练了，就不会觉得难了。”吃饭的时候，张萍会对着员工餐厅的饭吐槽：“这也太难吃了吧！哪是给人吃的呀，还不如外卖好吃呢！”吃了好几年员工餐的齐齐勉强对她挤出了一个微笑，不知道这话该怎么接。

下班回家之后，齐齐闻到厨房的焦煳味，开口就是一句：“我的天啊，你到底是做饭还是炸厨房？不会做你就别瞎折腾行吗？你这不是给我添乱吗？”男朋友戴着围裙从厨房里走出来，有些委屈地说：“我就想帮你分担点家务，真不是故意要把厨房搞乱的。”齐齐说道：“你不会拣点自己拿手的活儿干吗？真是的，一点儿都指望不上你。现在光收拾这厨房都够我忙活到半夜了！”男朋友凑上前，边给她捶肩膀边说：“我知道错了，亲爱的，你就别埋怨我了，平时我做错事你也没骂过我啊，你今天是不是在外边受气了呀？”

齐齐听见“埋怨”俩字心里一惊，心想自己平时也不是埋怨他人的性格，怎么现在一张口就一串埋怨溜出来了呢？肯定是受到张萍的影响了。

第二天到公司之后，齐齐立刻跟经理说明自己不适合带新人，把张萍这个“烂苹果”丢到了自己工作和生活的外围，后来她的心情果然好多了。而接手张萍的老好人李姐明显也受到了张萍的影响，一天要发好几回火。齐齐连忙给李姐沟通了这个问题，幸好很快张萍的实习期满了，她一离开公司，公司的办公氛围就变得积极了很多。

随着社会的进步，人与人之间的竞争越来越激烈，工作和生活压力逐步增加，人们的情绪越来越不稳定，有时候鸡毛蒜皮的小事都能够引发一场激烈的争吵。负面情绪在危害着个人身心健康的同时也给周围的人带来了很大的压力，还极有可能使我们把周围无辜的人当作自己的出气筒，给他人带来情感和心理上的伤害，造成无法弥补的感情裂痕。那么，如何避免负面压力给他人带来消极的影响呢？这就需要我们调控好自己的情绪。

古时候，一位得道高僧十分喜爱兰花，就从各处寻来了许多品种的兰花，种到了自己的院子中，他每天讲经参禅、照料兰花，生活倒也平静。有一天，这位高僧被一个非常有名望的人请去讲经，临走之前他将满院子的兰花交给自己的弟子照料，在弟子承诺会好好照料兰花之后，高僧才带着行李下山了。

弟子每天悉心照料兰花，等候着师父回来，不料一天晚上风雨大作，弟子被雷鸣声惊醒的时候，满院子的兰花已经被疾风骤雨打得凋零了一地。没有照顾好师父的兰花，弟子觉得非常内疚，心里又十分害怕师父会愤怒地将他赶出山门。

高僧讲经回来，刚到山门口就看到自己的弟子跪在山门前，他连忙走上前询问，弟子向他说明了自己照顾不周导致兰花死掉的事情。高僧听完之后说："无妨，我不是为了生气才种兰花的。"弟子听完顿有所悟。

当我们受到负面情绪的影响，忍不住想要找个发泄的出口时，不妨停下来仔细地思考一番：我们的负面情绪是因为什么事情产生的？盲目地寻找比自己弱的人出气是否违背了自己做人的准则？迁怒他人也许能让我们的情绪一时之间得以释放，却往往会埋下更大的隐患。所以古人才会不厌其烦地教导后人要"己所不欲，勿施于人"，要"克己复礼，谨言慎行"。我们都不希望自己受到"烂苹果"的影响，所以要首先从我们自己做起，丢掉那个"烂苹果"，这样我们才能够让自己的不良情绪找到正确的发泄渠道。

但是只有负面情绪会传染他人吗？答案是否定的，正面的、积极的情绪同样能够传染给其他人。而且关系越为密切的人，情绪的感染作用越明显。

当孩子独立完成了自己的拼图或者自己第一次做成了某件事情的时候，他们会迫不及待地跟家人分享这一刻的喜悦；年轻的男女在追上了心仪的女生或男生的时候，也会忍不住向身边的朋友甚至全世界的人秀恩爱；走在路上的人在看到夕阳落山或者北雁南飞的美景时，也会忍不住拉着身边的伴侣观看，分享这份新奇和喜悦。在分享信息的同时，我们的情绪也被分享了出来，所以看到孩子兴高采烈的脸庞，大人会感受到同样的喜悦和骄傲；看到甜蜜的恋人拥抱在一起，旁观者会不由自主地生出愉悦和欣慰之感；看到伴侣观赏着生活中不常见的美景而产生喜悦的表情，我们也会不由自主地感到开心和满足。

7. 直率与含蓄——情绪的文化差异

情绪是每个人与生俱来的心理表现，具有普遍性，细心观察我们不难发现，人的很多情绪大都有着相似的外部表情变化，比如打招呼时都会露出笑容，难过的时候都有着悲伤的表情，高兴的时候都是笑逐颜开，等等。但情绪又是复杂的，人们表达情绪的方式会因为每个人性格的不同而表现出微妙的差异，有的人性格热情奔放，有的人性格洒脱不羁，有的人则深沉内敛，还有人性格阴郁沉闷。不同性格的人表达自己情绪的方式也不相同。

人们感知和表达情绪的系统是随着每个人的成长而不断地进行完善的，在婴儿时期，孩子会因为饥饿、困、疼痛、不舒服而用哭声和肢体动作来表达自己的情绪。但随着时间的流逝，孩子的心智在不断地发展和完善，他们表达情绪的模式也会随着每个人的成长环境和所接受的教育等的不同逐渐固定下来。世界上没有相同的两片叶子，也没有完全相同的两个人，每个人对情绪的体会和理解程度也有着一定的差异，尤其是在不同文化背景下，人们表达情绪的方式的差别就更为明显。

【情景回放】

琳琳和盼盼是同一所大学的学生，两个人的年龄相仿。琳琳的爸爸妈妈都是非常幽默的人，家庭氛围轻松和谐，家里总是一片欢声笑语，所以他们养育出来的琳琳，性格开朗，活泼好动，人又聪明，在班级里人缘很好，同学们都很喜欢和她一块儿玩。盼盼和琳琳不同，盼盼家风严谨，讲究食不言寝不语，待人接物彬彬有礼，盼盼的爸爸更是注重对女儿的教养，要求女孩子举止端庄，语言得体，所以盼盼的性格内向保守，容易害羞，她很少和陌生人接触，平时和班级里的男生讲话都会脸红。琳琳和盼盼分到了一个宿舍，由于性格互补，两个人相处得十分融洽，很快成了无话不谈的好朋友。

一场校园春季运动会，让两个女孩都遇上了自己心仪的对象。盼盼喜欢的是这次运动会的主持人、校园广播站的站长；琳琳喜欢的是篮球社的风云人物，在这次校园篮球比赛中出尽了风头的校篮球队队员。两个女生谈心的时候说起了自己喜欢的对象，两个人为了接近自己喜欢的人想尽了各种办法，丝毫没有运动细胞的盼盼陪着琳琳报了篮球社，对播音主持没有任何兴趣的琳琳则陪着盼盼报了广播站。

最终，两个人如愿以偿，和自己心仪的对象有了一定的接触。但可能是性格的原因，两个人在要不要向喜欢的人表白的问题上产生了分歧。

琳琳认为只做朋友太没劲了，自己满心的喜欢都快要溢出来了，却不能第一时间告诉对方，这实在太难受了。所以琳琳想要坦白地告诉对方，不然怎么能和喜欢的人有进一步的发展呢?

盼盼却认为上去就告白实在是有些突兀，会显得很失礼，万一吓到了对方,很可能连朋友都做不成了,怎么也得互相认识一段时间,才好进一步发展。而且盼盼觉得喜欢一个人未必要告诉对方，贸然说出自己的情意对他人来说也有可能是一种困扰。

两个人各执己见，谁也没能说服谁。琳琳后来实在忍不住，跑去跟自己喜欢的人告白，但遗憾的是对方已经有女朋友了，琳琳的恋情还没有开始便结束了；盼盼和广播站的站长认识了一段时间之后，发现站长也早已名草有主，自己的暗恋也无疾而终。

面对同一件事情，不同性格的人的做法可能截然相反，表达情绪也是如此。有的人情绪外放，内心有什么体会，会忍不住要和其他人分享；有的人情绪内敛，不擅长将自己的情绪或心事分享给其他人。琳琳和盼盼两个人接受了不同的家庭教育，在表达情绪方面采取的方式也不相同。我们可以在影片中看到欧美的父母会直接对孩子说“宝贝，妈妈（爸爸）爱你，你是我最重要的人”之类的话，但在中国这种情况却十分罕见，因为与热情奔放的西方人相比，中国人在表达情绪的时候讲究的是含蓄内敛。

网络上流行过一幅漫画，漫画的内容大致讲述的是“奶奶的爱”。老年人思想保守，不会将内心的爱意表达出来，所以大多数人很难从老一辈或者父母的口中听到“孩子，我爱你”之类的话，但他们也有着自己独特的表达爱意的方法。奶奶会做上一桌可口的饭菜，席间不停地给家里的孩子夹菜，一个劲儿地让孩子吃，也不管孩子是不是吃不下了；还有的老人想念孩子，虽然不会直接说，但他们会想尽各种方法来让孩子多留一会儿。

现在的很多年轻人喜欢捧着手机打游戏、网购、浏览视频和网页，简直片刻不离手机，没有 Wi-Fi 对他们来说无异于一种酷刑。因为年轻人很难在没有 Wi-Fi 的屋子里住下去，所以为了让孩子多陪伴自己，很多老人会默默地在家里安装 Wi-Fi，希望孩子能够在家里多待一段时间。其实很多老人连智能手机都未必会玩儿，掏钱在家里安装 Wi-Fi 自己根本就用不着，但这样至少能有一个让孩子多待一会儿的方法。这也是他们表达内心情感的一种方式。

在中学的课本中，有一篇朱自清的散文《背影》，文中写父亲要去南京找工作，儿子要从南京搭乘火车前往北京。本来父亲因为事务繁杂，说好了不再亲自去送儿子上火车，而是找了旅店里一个相识的小伙计去送。父亲之前已经多次叮嘱小伙计，但儿子要走的时候他还是不放心，亲自去送了。尽管他知道从南京到北京的这趟火车，年满二十岁的儿子已经坐过很多次了，完全能够照顾好自己，但他仍然选择亲力亲为，还在火车上嘱托了一位茶房来照应儿子，甚至拖着笨重的身躯翻过月台，去给儿子买了点儿新鲜的橘子。

全篇看下来，父亲没有对儿子说过一句想念的话，但他的每个行为的背后无不饱含着对儿子的关心和呵护。这也是父亲表达内心感情的一种方式。虽然很多人不擅长将自己的情绪用很直白的语言表达出来，但是他们会将这些深厚、浓重的情绪通过贴心的行为传递出去。

情绪虽然有着跨文化的一致性，但是受到不同的文化熏陶之后，人们用来表达情绪的行为举止却有着一定的差异。在东西方文化的摩擦与碰撞中，这些差异更是显而易见的。国外有人做过一个实验，找一些东方人和西方人一同观看一部外科手术纪录片，当然这部纪录片会引起人们的某些不适感。实验组织人员发现，在观看纪录片的过程中，一旦出现某些会让人们的生理产生不适的画面时，东西方人做出的反应也会存在某些差别，这一点从受试的面部表情上就能够看出来。西方人会更为直观地在表情上表现出自己的不适，甚至会做出扭头避开或者改变坐姿等动作；而东方人则大多不动声色，甚至会用微笑来隐藏自己的不良情绪。这正是东西方文化的差异所造成的。

情绪的文化差异还表现在人们的手势、肢体语言等多个方面。在不同的文化背景下，表达情绪的时候，不同的行为甚至代表了截然相反的意思，例如一个简简单单的称赞手势——“竖起大拇指”。显而易见，这是一个夸赞和表示一切顺利的手势，在包括中国在内的大多数国家中，这个手势都代表了对他人的称赞；但是如果放在欧洲的一些国家，这个手势会被别人理解为你要搭车，和我们所理解的意思可谓风马牛不相及；而在个别国家的文化中，这个手势更是代表了侮辱和挑衅，与我们所理解的意思完全相反。就连简单的点头、摇头两个动作，在不同的文化背景中也有截然相反的含义，在中国和欧美多个国家，点头表示赞同，摇头表示不赞同；但在印度、巴基斯坦等国家，摇头的意思却是表示赞同。情绪表达的文化差异如此之大，稍有不慎就有可能引发一场误会。

在人际交往的过程中，正确地识别他人的情绪能够帮助我们更加顺利地营造一张良好的人际关系网。但如果抛开文化的差异性，想当然地按照自己的常识去分析他人行为背后的情绪，往往会让我们费力不讨好。

第二章
拥抱积极的情绪

1. 成功的催化剂——积极情绪的力量

情绪有积极情绪和消极情绪之分，也可以称为正面情绪和负面情绪。积极情绪指的是一种积极的心理状态，当一个人对待自身或者他人以及周边事物的心态是正能量的、稳定的、乐观的和充满希望的，那么这就是一种积极的、良性的心态，这个人的情绪也是积极的。被积极情绪围绕的人在生活中遇到挑战会迎难而上，即使饱受挫折的打击，也依然有从头再来的信心和力量。而消极情绪与积极情绪恰恰相反，被消极情绪左右的人，他们的大脑里充斥着悲观的念头，但凡遭受一点挫折，有一丁点儿失败的可能，他们就会下意识地想到退缩，不会鼓起勇气尝试；一旦遭遇失败，则很有可能沉浸在失败的情绪中无法自拔，阻碍自身的进步和发展。

国外有这样一则小故事：一天，一个普通的家庭中诞生了两个可爱的男婴，双胞胎的降临可把他们的爸爸妈妈给高兴坏了，这对父母满怀着爱心和期待养育着这两个孩子，给了他们同样的关怀与呵护，希望他们能够健康地长大成人。时光匆匆流逝，很快就到了两个孩子的十岁生日，这一天，孩子们的父亲为他们准备了同样的礼物。

父亲带着两个孩子到了自家的马厩中，让孩子自己去仓库中寻找自己的礼物，但两个孩子推开仓库的门时的反应却并不相同。弟弟看到仓库里的一匹小马时，兴奋得一跳三尺高，冲出去抱着自己的父亲，感激地说道："谢谢爸爸！我早就想拥有一匹自己的小马了，我可以骑着它在我们的农场里遛弯儿了，这真是我得到的最好的礼物了。"父亲听完乐得哈哈大笑。

然而，哥哥看到仓库里同样的小马时，虽然也有兴奋和惊喜的情绪，但他很快就想到，这匹小马真是无穷无尽的麻烦，他以后不仅要给小马割草，还要清理它的粪便，这可真让人头疼。想到这些后，他的笑容消失了，但他还是勉强挤出微笑对父亲道谢，父亲有些担忧地问他是不是不喜欢这个礼物，他胡乱地安慰了父亲一通，并没有说出自己的烦恼。

很快，父亲就发现大儿子和小儿子的情绪差别有点大，小儿子对什么事情都保持着好奇的心态，乐观又积极，哪怕出去玩儿时他们的车坏在了半路上，小儿子也会说："这真是太酷了，好多电影都出现过这样的情节，也许我们要有什么奇遇。"而大儿子则绝望得快要哭出来，他担心地说道："如果没人来，我们会不会就这样饿死在这里啊！"

尽管父亲向他保证自己已经打电话求救，一定会有人前来营救他们，但大儿子还是担忧得连连叹息，不时地问："为什么到现在还没有人来？"当父亲在车子上找到半瓶水的时候，小儿子开心地说道："看，多棒！我们还有半瓶水可以解渴。"大儿子则担心地说道："太糟糕了，我们只剩下半瓶水了，如果救援人员不能及时赶到，我们一定会丧命于此的！"

后来，父亲将自己的想法分享给了孩子的母亲，两人都很担心大儿子的心理状态，完全不知道他的悲观从何而来，也不知道如何开解他，虽然为儿子预约了心理医生，但心理医生提供的帮助也非常有限。父母的这种担心一直持续到了孩子成年。结果，成长在同一个家庭环境中的双胞胎兄弟成年后有了截然不同的未来，小儿子由于活泼积极的性格在学校里非常活跃，交了很多朋友，博得了众人的喜欢，找工作也异常顺利，成功地和社会接轨，成了一名有为青年；大儿子却由于担心自己找工作被拒，干脆放弃了找工作，宅在家里打起了游戏，连任何改变都不想尝试。

从这个小故事中我们可以发现，积极情绪和消极情绪对人一生的影响之大。所以在学校教育中，老师会将对学生的积极心理状态的培养和训练作为文化素质教育中的重点来开展教学。因为积极的心态对于一个人的人生所起的作用是不可忽视的。走上社会，人们会面对各种各样的压力与挑战，没有积极的心态，就更容易在未来严峻的竞争形势下落败，被不断发展和进步的社会淘汰。

一般来说，积极的情绪包括爱、享受、乐观、希望、自信、感恩、欢乐、勇气、忠诚等。积极的情绪能够影响人们的认知，有助于智商和情商的发展，对人们的身体健康起着积极的作用；同时，让人们能够更多地去发现生命和生活中的美好，对自身的发展也有着重要的作用，可以说是人们生活中不可或缺的一部分。

生活中，我们常常能够听到别人安慰那些在生活或者工作中遭遇挫折的人："不要想太多啦！心态积极一点，下次再努力就可以啦！"那么我们为什么要保持积极的心态呢？因为积极的情绪和心态能够最大限度地激发人们对生活和工作的热情。

三个工人在工地上顶着炎炎烈日做着砌墙的工作，这时候有人走上前来问他们："你们这是在做什么？"第一个工人没好气地说道："眼睛没毛病吧，没看我这砌墙呢！"第二个工人笑着说："我们在盖一栋房子。"第三个工人则颇有些骄傲地说："我们正在为这个城市盖一座伟大的建筑！"十年后，回答自己砌墙的那个工人仍然老老实实地做着砌墙的工作，第二个工人则有了自己的建筑团队，而第三个工人却成了一名优秀的城市建筑设计师。

为什么十年前做着相同工作的人，他们的人生轨迹会有如此大的差异呢？这正是积极心态从中起到的作用，因为心态能够影响一个人命运的走向。当一个人保持高涨的情绪和积极的心态时，他面对生活中的困难和挫折，更愿意从积极的角度去考虑问题，相信天无绝人之路，于是他会自觉调动自己的积极性，更加迅速地采取行动，付出努力。而当一个人心态悲观的时候，他往往会习惯性地采取否定思维，干脆不做任何尝试，因为在悲观的人看来，这样尽管品尝不到胜利的果实，但是至少不会收获失败的恶果。殊不知失败也是人生的一种经历，他们拒绝失败的过程实际上也正是拒绝成功的过程。

积极的情绪和心态还能够提高人的专注力和创造力，帮助人们提高解决困难的能力。

清朝的时候，有一位陈姓商人在城里的一条商业街中盘下了一间大房子做布料生意，由于店面选得好，布料的质量高、款式新颖，所以他的生意深受城中富户的欢迎。很多同行眼见他开店赚得盆满钵满，都非常羡慕，于是纷纷在他的布料店旁边开店，想要分一杯羹。但由于布的质量和款式均不如陈记布庄的好，其他店的生意都不温不火。

当时正值夏日，天干物燥，其中一家裁缝铺突然着了火，古时候街上的很多店面都是木材建造的，店中又是易燃的布料，于是火趁风势越烧越大，不仅烧了商业街的店面，火势还蔓延到了附近的民宅中。人们奋力扑救也只是杯水车薪，根本无济于事，熊熊的火光将半城的天空都染成了红色。

许多店主眼见自己的店被火烧，不顾性命地冲了进去，想要将自己在店里的货抢救出来。陈姓商人本来也想找些人将自己的货抢出来，但不幸的是，起火点离他的店铺太近了，面对熊熊燃烧的店铺，仆人根本无法冲进去。陈姓商人看到如此情形，虽然心痛货物，却更庆幸没有人员伤亡。这时街上已经有很多店主因为没有抢出自己的货物而坐在地上号啕大哭，有的人甚至一边念叨着“完了，家当全没了，我也不想活了”，一边往火里冲，幸好被人给拉住了。

按理说陈姓商人店面最大，库存最多，损失也远比其他店主严重，但他并没有太过悲伤。他看着被大火吞噬的整条街，陷入了深思。不一会儿，他抬起头，有了新的想法，他连忙赶回家里找来账房先生，估算了自己全部的财产，然后带着人连夜渡江到邻省购买了一大批木材屯了起来。没过多久，当地的官府就下发了火灾的救助金来帮助人民安定生活，人们拿到了钱，纷纷前去购买木材重新修建房屋。

此时邻省也听说了这场火灾，一时之间，木材的价格竟然飞涨了起来，就连运木材工人的工钱都涨了一倍。这时候，陈姓商人之前所购置的木材恰好派上了用场，他在木材没有涨价的时候就已经用低价购买了一批，现在即便涨价销售也比人们跑到外省去买木材划算得多，所以人们纷纷在他这里购置木材。陈姓商人借此机会大赚了一笔，当初在火灾中损失的钱全赚回来了不说，多余的钱还够他再开两间布庄。他立即将陈记布店重新开了起来，没过多久便恢复了顾客盈门的盛景，而之前和他一同开店的店主们只顾着心疼自己的那些损失，还沉浸在挫折的深渊中难以自拔，白白错过了翻身的好机会。

情绪积极的人在遭遇困难和挫折的时候，更具备直面困难的勇气，努力思考解决问题的办法，借以摆脱困境。而一味地沉溺于消极情绪中，只会让自己的行动力和进取心备受打击。虽然保持积极的情绪能够给我们的工作和生活带来很大的助益，但在生活中，我们面对的压力是来自多方面的，在重重压力之下，我们很难每时每刻都保持着积极的状态。那么，我们应该如何培养自己的积极情绪呢？在被负面情绪左右的时候，我们又该如何调控自己的情绪呢？

首先，我们要认真地对待生活，发现生活中琐碎的美好。早上起来看到街上盛放的鲜花，热气腾腾的早点；听到一两声清脆的鸟鸣，邻里间亲切的问候，都能够让我们的心情愉悦起来。闲暇时间与朋友的一次相聚、认真烹饪一顿晚餐、看了一本好书等，都会让我们产生充实感和成就感。这些便是积极情绪产生的源泉。当我们用心去感受周围的一切时，那颗在钢筋水泥的冰冷森林的包围下日渐麻木的心脏就会充满活力和希望，就会让我们的积极情绪不断地得以累积，让我们的心灵感受到温暖和美好。

其次，我们还要善于苦中作乐、忙里偷闲，在艰难的环境中看到现实好的一方面，这样才能够在困境中找到生机。

一头驴子掉进了一口枯井里，驴子的主人叫来一群人想办法。人们七嘴八舌地商量着对策，想了很多办法，但都没能把驴子从井里捞出来。最后有人提议说："既然救不出它来，不如就把它埋葬了吧，好歹它也给你干了这么多年的活儿了！"主人想了想，答应了，人们便从自己家里拿出铁锹等工具，开始往井里填土。谁知道土撒在驴子身上后，驴子迅速扭动身体，抖掉了身上的泥土，并将这些泥土踩到脚下。就这样，人们往井里投的土越来越多，驴子脚下的土也越来越多，等身下的泥土到了井口附近的高度，驴子纵身一跃，就从井里跳了出来，飞快地跑远了。

积极的情绪能够让人们在遭遇困境的时候不放弃，消极的情绪却往往会让人坐以待毙。所以很多时候，积极情绪影响下的人生和消极情绪影响下的人生是有着巨大差异的。保持积极的情绪，我们就能够化危机为转机，将困境变成磨炼个人意志的机会。

积极情绪的来源与个人价值的实现还有着密不可分的关系。当我们做成一件事情时，我们的个人价值得以实现，成就感就会油然而生，此时成功所带来的愉悦是其他事情无法取代的。所以很多时候，我们要学会利用自己的优势，为自己创造更多成功的机会，为自己的积极情绪建立一个加油站，即使是在负面情绪占据内心的时候，也能找到让自己重新乐观起来的正能量。

2. 天生我材必有用——积极情绪之自信

【情景回放】

张慧和李欣是同一家企业的员工，两个人的性格一个内敛，一个活泼。张慧比李欣早进入公司半年，但两人工作能力相当，和同事们相处得也都不错。不过同事们跟李欣的关系更为密切一点，因为张慧虽然做事干净利落，但性格内敛，平时和同事们交流得也不太多。但公司的刘总更信任张慧，这可能与她的性格沉稳有关，所以这次部门经理离职之后，刘总直接找来张慧，问她是否有意向担任部门经理。

本来刘总都已经确定要任命张慧做部门经理了，毕竟他认可张慧的工作能力，但没想到张慧听到这个消息之后竟然连连摆手说："不行的刘总，你让我做个普通员工还行，可让我当部门经理我干不来的，我怎能管得了那么多人！"刘总劝她道："这些年我也看到了你处理问题的能力，你也了解之前那个部门经理每天的工作内容，她不在的时候你不是也曾顶过她的岗？你要相信你自己，你完全能够胜任这份工作。"但张慧还是说："那只是替她上了一天班而已，长期的话我真的做不来，刘总你还是任命别人吧，管人我不行的。"

刘总见她一味推辞，便不好再勉强，转而叫了李欣过来。李欣听到这个消息之后，和张慧的反应完全不同，她高兴得几乎从椅子上跳起来，有些难以置信地问道："真的让我做部门经理吗？太好了，谢谢老总，你放心，我一定会努力学着做好这份工作的！"刘总听了她的话，也不由得高兴了起来。

李欣做了部门经理之后果然更加用心，虽然偶尔也会出一些小问题，但有张慧等同事的帮忙，总归没有造成太大的影响，部门业绩也有了稳步的提升。而张慧面对现在的局面想的却是：“还好当初是李欣当了部门经理，要让我做，我肯定就搞砸了。”

张慧真的会搞砸吗？这倒未必，只不过她太不自信，所以放大了自己将会面临的困难，并由于担心未曾发生的事情而白白浪费了大好的机会。很多人都像张慧一样，因为不自信而错过了提升自己的机会；还有一部分人因为不自信，不敢对自己心仪的人告白，导致了一生的遗憾。

在日本的一个综艺节目上，有一个环节，是请路人送给年轻时候的自己一些话。其中有一个叫作秋元秀夫的七十六岁老人，对年轻的自己说了一些话。他先是幽默地鼓励了十八岁的自己努力学习，然后对二十四岁时犹豫着要不要求婚的自己说出了这样一段话：“你会在公司遇见一个超级可爱的女生小华酱，并和她交往，但是由于你的女人缘一向不好，你怀疑自己是否能够配得上小华酱，所以就一直犹豫要不要求婚。心中有爱就要马上行动啊，因为两年后，小华酱就会因为患上绝症而死去，你会无比后悔，极度悲伤，一直都忘不掉。所以你直到七十六岁时仍然独身一人，终身未娶。所以请你替我转告小华酱，我整个人生中唯一爱的女人就是小华酱，最喜欢的就是小华酱，请你一定替我转告她。”

正是因为不自信，所以秋元秀夫没能够及时地跟小华酱求婚，导致他错过了自己最爱的女人，造成了终身的遗憾。如果他自信起来，勇敢地向小华酱求婚，也许两个人的人生会有很大的不同。事实上，现实生活中也有很多人像秋元秀夫和张慧一样，错过了人生的很多成功和美好。

苏格拉底曾说：“一个人能否有成就，只看他是否具有自尊心和自信心这两个条件。”拥有自尊心，我们就拥有了人际交往的底线，能在自尊与尊重他人的基础上进行正常的人际交往；自信心则是一个人成功的关键，它对一个人的一生有着无比重要的作用。在日常生活中，我们会和各种各样的人产生交集，我们待人接物的态度也决定着他人对待我们的态度。自信的人和不自信的人面对人和事时是两种完全不同的态度。自信的人面对困难时会跃跃欲试，充满了挑战困难的勇气；不自信的人则满脑子都是退缩的念头，因为他们在内心里已经否定了自己的能力，所以他们在待人接物的态度方面都透露着卑微和谨慎。

有这样一则故事，一个小女孩从小十分自卑，觉得自己没有其他同龄的小女孩漂亮，也没什么特长，所以她很少对其他人微笑，也不敢和其他人讲话。直到有一天她路过商店的时候，看到商店的橱窗里放了一枚精致的发夹，只一眼小女孩就喜欢上了这枚发夹，她满怀激动地走进商店里，盯着发夹看了很久。商店的售货员走上前询问她，小女孩羞涩地表达了自己想要买下这枚发夹的意愿，店员热情地为她戴上了发夹，小女孩瞬间觉得自己和以往相比漂亮多了。

她开心地付钱给售货员，然后蹦蹦跳跳地离开了。由于小女孩太开心了，她一时间没有注意，出门的时候不小心撞上了一个老爷爷。她给老爷爷道过歉之后匆忙赶到了学校，她想她戴着这么漂亮的发夹，大家一定都会喜欢她的，想到这里她开心地笑了。进到教室里，她甚至破天荒地对几个同学笑了笑，同学们表现得也比平时友善得多，聊天和做游戏的时候会主动叫她一起玩了。

小女孩心想，这都是这枚发夹的功劳啊，可当她伸手去摸自己头上的发夹时，却发现自己头上的发夹不知道什么时候不见了踪影。小女孩急坏了，她找遍了教室里所有的角落，也没有发现发夹的踪迹，她想大概是在下课的时候掉在了哪里又被谁捡到了吧！没有了发夹，大家大概不会喜欢她了吧！想到这些小女孩绝望得哭了，但奇怪的是，依然有同学亲切地拉着她说话，可丢了发夹的小女孩心里总是有点空落落的，也没有多想。

放学的时候，小女孩无精打采地往家走，回去的路上又路过那家店，结果售货员主动和她打起了招呼："小姑娘，你早上跑得也太着急了，发夹掉了都不知道。"小女孩一看，售货员的手里正拿着那枚发夹。小女孩顿时明白过来，同学们并不是因为她戴了漂亮的发夹而变得热情，而是因为自己展露出了自信的笑容，向他们释放了友好的信号，所以她才受到了其他人的欢迎。想到这些，小女孩心情好多了，她想她不必用发夹来找回自信了，因为早上的经历已经让她找到了自信。

自信对于个人的发展有着积极的作用，自信的人能够乐观地面对人生中的风雨，对于将来也有着更美好的展望。法国伟大的军事家、政治家，法兰西第一帝国的缔造者拿破仑曾经说过："不想当将军的士兵不是好士兵。"这句话的潜在意思正是要提醒人们自信心的重要性。

自信是一个人成功的基石，如果一个人不自信，那么他做事情的时候便缺少了必胜的勇气。只有相信自己，才能够将自身的力量最大限度地施展出来。

世界著名的交响乐指挥家小泽征尔曾经参加过一次世界级的优秀指挥家大赛，在赛场上，他按照评委提供的乐谱指挥乐队进行演奏。但是在指挥的过程中，小泽征尔敏锐地发现自己按照乐谱指挥时，有一处显得非常突兀，这令整首乐曲出现了不和谐的声音。他本以为是乐队的演奏出现了错误，就停了下来，在不对劲儿的地方指挥着乐队重新演奏了一次。这一次他观察得很仔细，乐队就是按照他所指挥的节奏进行演奏的，并没有丝毫偏差，但是乐曲还是非常不和谐。

这令他产生了质疑，他对着在场的作曲家和各位评委说出了自己心中的疑惑，小泽征尔认为自己的指挥、乐队的演奏都没有问题，出了问题的是乐谱。但是作曲家和各位评委坚持认为乐谱没有问题，小泽征尔拿着乐谱仔细地看了一阵，然后他抬起头对着作曲家和各位评委坚定地说道："不，我相信自己的判断，这份乐谱就是错的。"小泽征尔话刚说完，作曲家和评委们就一起站起身为他鼓起了掌。

原来评委们给出的乐谱的确是错误的，他们设计这个圈套，就是想看看指挥家在受到某些权威人士质疑的时候，能否坚定自己的信念和主张。虽然其他选手也发现了乐谱上的错误，但当他们的疑问遭到评委们的否定时，他们不能够坚持自己的判断，而是服从了评委们的意见，所以遭到了淘汰。小泽征尔则因为自信和坚持，最终获得了这次世界指挥家大赛的冠军。

我们可以发现，自古以来的成功人士都有着自信的品质，诗仙李白写道：“天生我材必有用，千金散尽还复来。”诗圣杜甫写道：“会当凌绝顶，一览众山小。”自信如黑暗中一盏闪烁的明灯，指引着人们前进的方向。遇到困难，自信的人能够披荆斩棘，成功地到达自己的目的地；而不自信的人做事情往往会事倍功半，可能还会将自己原本大好的前程毁掉。

自信的人相信自己的能力，从不妄自菲薄，也不担心其他人瞧不起自己，因为他们会用自己的努力去赢得成功。不自信的人不仅会怀疑自己的能力，还会质疑周围人的看法，甚至影响正常的生活、学习和工作。自信还能够激发人的潜能。人无完人，每个人都有自己的优点和潜能，只要保持自信的心态，挖掘自己的潜能，大部分事情我们都可以很好地完成。

著名的天文学家、自然科学的先驱哥白尼在提出“日心说”的时候，也被很多人反对，甚至一度遭到了压迫。但他坚持了自己的理论，直到科学技术的发展证明了他的结论，即并非是太阳绕着地球旋转，而是地球绕着太阳转。在了解自己的基础上，充分搜集资料，再经过严密的分析，最后坚信自己的判断，这是一个复杂的过程，但坚持下来的人最终会取得成功。

心理学家曾经在美国一所学校里做过一个关于自信心的实验，他们想知道自信心对于一个人的影响究竟有多大。心理学家从校长那里拿到了学生们上学期考试的成绩单，他们选取了那些在班级中成绩较差的学生，随后为学生们做“智商测验”。所谓的智商测验当然只是一个幌子，测验之后他们将这些人找过来，对他们解释了他们智商较高的测验结果。

当这些学生听说自己的智商高于其他人的时候，纷纷惊讶得说不出话来，因为他们平时在班级里根本就不起眼。然而来自科研人员的“测验结果”却变相地认可了他们，这让他们感到激动和兴奋，甚至急着证明自己的确智商高于常人。就这样过了一年之后，科研人员再次来到了这所学校，而这一年的期末考试成绩让他们感到非常意外，原来“吊车尾”的那些学生学习成绩竟然都有了明显的提高，还有的学生甚至拿到了全优的好成绩。

科研人员相信，这不仅仅是心理暗示的力量，还有学生们的自信心，让他们对学习产生了兴趣。这种自信在人际交往中也产生了积极的作用，本来有一些孤僻的学生在有了自信之后，更愿意和同学们接触了，而且很快形成了自己的交际圈。

当一个人不自信的时候，即便机会摆在他面前，他也会首先在脑海中反复地询问自己："我真的可以吗？如果我搞砸了怎么办？"在遭遇失败之后，他更容易就此一蹶不振，所以相对于自信的人来说，他在面对生活中的挑战和挫折时，取得成功的机会便大大地减少了。而当一个人自信的时候，他不会放大自己所遭遇的危机，而是正视自己的能力和当前所面临的困境，冷静地分析当前的情况并积极地寻求解决的办法，进而取得成功。

自信的人能够把握自己的命运，在人生的风浪中，鼓起风帆乘风破浪，抵达成功的彼岸。那么，我们应该如何提升自己的自信心呢？

第一，要对自己有一个系统的了解，发现自己的优点与特长，并且懂得扬长避短，这样才能够避免失败带来的打击。当我们被一时遭遇的挫折打败的时候，不妨将自己的优点和特长以及之前成功的经历翻出来看一看，这样能够帮助我们找回自信心。

第二，要有积极的心理暗示，将"我不行""一定做不到"之类的口头禅改为"我一定可以""我必须尝试一下""我还能做得更好"。在积极心理暗示的影响下，我们的心态也会逐渐发生变化，自信心也会不断得到提升。在订立目标的时候，我们也要使目标切合自身的实际状况，切忌好高骛远；当我们的目标一点一点按照计划达成的时候，成功的喜悦会令我们的自信心加倍增长。

3. 生活中的大智慧——积极情绪之感恩

在中国浩瀚的词库中，有一个成语叫作“结草衔环”。这个成语是由“结草”和“衔环”两个典故结合而成的，“结草”的故事来源于《左传》：在春秋时期，晋国有一位大夫叫作魏武子，魏武子有一个非常喜爱的小妾，名叫祖姬。祖姬虽然备受宠爱，但没有生下一儿半女。魏武子怜惜她没有子嗣，怕自己死后她孤苦无依，所以每次出征打仗的时候，魏武子都会反复嘱咐自己的儿子魏颗，让他在自己死后为祖姬找个好人家嫁出去。

可是到后来魏武子生病了，他的病情越来越重，主意也变了。有一天，他把儿子叫到床前，对儿子说自己死后让祖姬给自己陪葬，让自己不至于泉下孤单。过了没多久，魏武子就死了。魏颗为父亲料理后事的时候自然想到了父亲之前的嘱咐，但魏颗还是为祖姬找了个好人家，将她风光地嫁了出去。魏颗的弟弟认为魏颗不应该违背父亲临终的遗嘱，但魏颗却说：“父亲在病重的时候神志不清，难免会胡言乱语，说出要祖姬陪葬的话。但父亲清醒的时候多次说过要我善待祖姬，所以我才按照父亲之前的嘱咐，为祖姬找了一个好人家，把她嫁出去。”

多年之后，魏颗奉命带领士兵和秦国作战，两军在青草坡交战。秦将杜回是当时出了名的大力士，勇猛善战，威震四方。他带着手下的精兵，也不乘车马，直接与晋军近身肉搏，直杀得晋军节节败退。等杜回对上魏颗时，两人更是打得难解难分。危急之时，杜回突然跌了一跤，这时魏颗发现一个老人不知何时出现在战场上，并且把地上的青草都打成了结，用来绊住杜回的脚。杜回一时受惊，空有着千钧的力气却施展不出来，魏颗趁机俘获了杜回，大败秦军。

大胜的当晚，魏颗在自己的营帐之内睡觉时，忽然梦见了白天打仗时帮助他的那个老人，老人说：“当年你没有听从你父亲的话让我的女儿陪葬，而是给她找了个好人家嫁了出去，我在九泉之下深深感激你的恩情，所以今天结草相助于将军，代替女儿祖姬报答你的恩情。将军将来一定会世世显贵，子孙也能封侯拜相，希望将军不要忘记我今天的话。”

“衔环”的典故则源于一个古代的神怪小说，传说东汉年间名臣杨震的父亲杨宝在九岁那年路过华阴山北，看到一只黄雀被老鹰抓伤，坠落在树下。虽然老鹰因为看到了人受惊吓而离开，但黄雀在草丛中却被一群蚂蚁困住了，善良的杨宝把这只黄雀救了下来，并把它带到家里为它治伤。这只黄雀虽然受伤了，却仍然挑食，除了黄花以外其他皆不食，杨宝便每天为它采摘黄花。如此过了一百天，黄雀的伤逐渐养好了，羽翼也丰满了，等伤口彻底愈合那天，黄雀振翅飞走了。

当天夜里，杨宝便做了一个梦，梦里一个黄衣童子向杨宝拜谢，黄衣童子称自己是西王母的使者，不幸经历劫数，幸好遇到了宅心仁厚的杨宝救了他。为了报答杨宝的恩情，他赠给了杨宝四枚白玉环，并说：“这四枚白玉环能够保佑您的子孙品德高洁无暇，位列三公，为政清廉。”后来杨宝的儿子杨震、孙子杨秉、曾孙杨赐和玄孙杨彪四代果真都官职显赫，而且为官刚正不阿，杨氏一族的美德也被后人广为传诵。

“结草”“衔环”的故事虽然看上去荒诞不经，但两者都含有有恩必报的意思。所以古人将这两个词合在一起作为一个成语，用来形容人们感恩图报、至死不忘。

感恩，指的是对他人所给予的帮助表示感激，并予以回报。自古以来，感恩就是中华民族引以为傲的传统美德，而我们日常所说的俗语“滴水之恩，当涌泉相报”等，都是用来形容人们懂得感恩和报恩的宝贵又高尚的品格。感恩不仅在中国的传统文化中占据着一席之地，西方国家也非常重视感恩。在很多国家，还专门设有感恩节。

感恩是生活中的一种智慧。我们感恩于父母的生养，俗话说“父母的养育之恩比天高、比海深”，父母不仅给予了我们生命，还将我们养育成人，教会我们很多生存的本领，所以我们会由衷地感激父母，在父母受到外界的欺负时勇敢地挺身而出保护他们，在父母白发苍苍、行动不便的时候呵护父母、照顾父母。这是我们在回报父母的恩情，羊羔跪乳、乌鸦反哺以及人类赡养自己的父母安度晚年，都是感恩和报恩的一种表现。

我们也感恩于师长的谆谆教诲。古语有言：“一日为师，终身为父。”这句话恰好说明了老师在我们成长的过程中所扮演的角色有多么的重要，正是他们教会了我们许多知识和做人的道理。尽管在我们犯错误的时候，他们也会严厉地批评我们，但当我们年少轻狂的阶段过去之后，再回过头来看，会发现许多令人尊敬的老师批评学生的出发点不外乎是“为了学生好”。所以很多人即便走出校门多年，还会再次去拜访自己的恩师，在提到自己的母校的时候，也依然怀有一种感恩和怀念的心情。

我们同样感恩于朋友的贴心陪伴。古人说“士为知己者死”“海内存知己，天涯若比邻”“结交在相知，骨肉何必亲”，所以古往今来才会有数不胜数的重情重义之人为朋友两肋插刀。到了现在，友情仍然是每个人生命中不可或缺的一种情感，在遇到棘手的难题时，朋友能够和我们并肩作战，解决难题；在遭遇挫折的时候，朋友的贴心陪伴和鼓励，能够让我们鼓起勇气，重新站起来，接受生活中的挑战。

我们还感激身边不离不弃的爱人，因为他（她），我们才明白爱情的美好。正是他（她），陪伴着我们度过了生活中的风风雨雨，带给我们感动和温暖，在我们疲惫的时候给我们一个贴心的拥抱，让我们受伤的心灵得到抚慰，让我们在风暴来临的时候拥有一个能够停泊的港湾，让我们即便处在人生的低谷也依然能够生出源源不绝的拼搏动力。

当然，我们要感恩的还有自己的祖国，因为它为我们提供了一个和平的生存环境。古诗有言：“宁为太平犬，不为乱离人。”生活在和平年代的人永远无法想象那些生活在战火连天年代里的人所遭受的苦难。只有在日益强大的祖国的庇佑之下，人们才能够做一个有尊严的人，才能够让自己的生活变得越来越美好；而在天灾人祸降临的时候，也只有强大的祖国才能够及时组织救援，让更多的人脱离危险，最大限度地减少人民群众遭受的损失。

时常怀着感恩之心，我们就会在不知不觉中产生回报他人恩情的动力。所以我们会在父母缠绵病榻的时候耐心地照顾他们；在朋友遇到困难的时候无私地伸出援手；在爱人遭受伤害的时候勇敢地将他（她）保护在身后；在祖国遭受侵犯的时候挺身而出，为祖国贡献自己的一份力量。

当我们成为懂得感恩的人时，我们的心态就会变得积极起来，我们的世界也会因此充满阳光。当然，这个世界上也有不懂感恩和恩将仇报的人，但是世界上依然有很多愿意对面临着困难和危机的陌生人伸出援手的人，也正是因为这些可爱的人始终坚持着自己的善举，也坚守着善良和懂得感恩的本性，才能够让人与人之间的信任有了扎根的土壤。

有句谚语叫作“赠人玫瑰，手有余香”，其实感恩就是如此。当我们懂得感恩的时候，给他人带去温暖的同时也会让我们自己变得更加快乐。

两个人在沙漠里旅行，烈日暴晒下，他们的情绪也变得焦躁不安，他们因为一件小事起了争执，大吵了一架，其中一个人还打了另外一个人一巴掌。被打的那个人心里愤愤不平，于是他走出帐篷，在不远处的沙地上写道：“今天我很生气，因为我的好朋友狠狠地打了我一耳光。”但两个人的旅途并没有因为这次小小的争执而中断，尽管彼此之间仍有矛盾，但他们仍旧收好了帐篷，继续往沙漠深处走去。

没过多久，他们看到了一片绿洲，两个人兴奋地往绿洲中心地带的湖泊跑了过去，因为缺水，他们一路上连话都懒得说，更没什么力气吵架了。就在他们打算尽情地喝水的时候，被打的人突然脚下一滑，掉进了湖里，不会游泳的他拼命挣扎。这时候，另一人马上跳进水里，把他救了出来。

经过一番波折，两个人之间的气氛也不像之前吵架时那么尴尬了，被救的人拿出怀里的小刀，在湖水旁的一块石头上刻下了一行字：“今天，我差点掉进湖里淹死，幸好我的朋友不计前嫌救了我。”一旁喝完水的朋友看到了他的举动，问道：“为什么我之前打了你，你把那件事情记录在沙地上，而我这次救你的事情你却刻在石头上呢？”刻字的人回答道：“我把你打我的事写在沙子上，是希望沙子能够替我记住我曾受到的伤害，沙漠的风这么大，过不了多久那些字就会连同我在你那里受到的伤害一起被抚平了；我把你救我的事情刻在石头上，是因为我希望自己能够将你曾经救过我的恩情永远铭记在心里，像刻在石头上一样牢固，并找机会报答你。”朋友听了他的话之后十分感动，为那天打他的事情向他诚恳地道了歉，两个人重归于好，关系比之前更密切了。

感恩是我们为人处世的一种哲学，它能够消除我们彼此心中的积怨，让人与人之间的关系变得更加纯粹和美好。懂得感恩的人能够尊重他人，在与他人进行交往的时候能够保持积极乐观的心态，更快地与人建立稳定的关系；在集体中也能够承担自己的责任，坚守自己内心的道德标准，从而获得更多人的喜欢，对自己的人际交往大有助益。那么，我们如何才能够学会感恩呢？

央视曾经播放过一则“给妈妈洗脚”的公益广告，父母在教育孩子的时候首先教会孩子的也是懂得对他人说“谢谢”。其实这些行为都是在有意或无形中去教育孩子懂得感恩的道理。感恩并不是要求我们在受到他人的热心帮助时跪地以表谢意或是重金答谢，抑或是大张旗鼓，必须用摆宴席、送锦旗等方式来答谢他人，感恩可以是平日里一句温馨的问候和贴心的关怀，有时候一个不经意的小动作、一张节日的贺卡、一句温馨的话语、一次善意的帮忙等足以表现出我们的感恩之心。这种细小但温柔的行为，可以让那些在我们困难时向我们伸出援手的人感受到我们的诚意和感恩之心，让他们不至于心寒。

某报纸曾经报道过这样一则消息，多名企业家在总工会的组织下联合举行了一次助学活动，为家庭困难的学生们提供一对一的资助。校方选出了二十二名大学生，企业家们承诺在四年内给予这些贫困大学生一定的资助，牵头的总工会给这些接受资助的贫困大学生及其家长送了一封信，希望这些大学生能够抽空给资助者写信，聊聊他们的生活和学习状况等。

但是一部分受资助的大学生并没有给这些企业家去信，还有一名大学生虽然给企业家写了信，但信的内容却是在强调自己的家庭如何困难，并希望企业家能够继续追加资助的资金，整封信看下来没有半个谢字。这让企业家非常寒心。所以当总工会再次组织这些企业家捐钱的时候，一部分企业家拒绝了，他们称不会再把钱资助给这些不知感恩的大学生。

经过询问，总工会了解了那些没有给企业家写信的大学生的想法，这些大学生认为自己成绩好，所以受到资助是他们应得的。这恰恰是他们不懂得感恩的表现，把他人的善心当作自己理应享受的待遇，却不明白其实帮不帮忙全看别人的心意，这不是别人的责任，哪有什么应不应该呢？

懂得感恩，我们的世界就会多一些包容和理解，人与人之间的交流就会多一分和谐与友爱。当我们自己成为一个懂得感恩的人时，我们就会发现这个世界上善良的人无处不在，也会因为自己的感恩之心而备感快乐和温暖，从而让这个世界变得更加友善和美好。

4. 让友谊之树长青——积极情绪之忠诚

俗话说："在家靠父母，出门靠朋友。"友情是人这一生中最重要的情感之一，朋友也是我们人生中最重要的伙伴。在我们无聊的时候，是朋友陪着我们打发空闲的时间；在我们遇到困难的时候，是朋友义无反顾地伸出援手；在我们获得成就的时候，朋友真诚地为我们鼓掌欢呼，为我们的成功感到骄傲；在我们遭遇危机的时候，朋友和我们并肩作战。朋友在我们的人生中占据着非常重要的位置。

人是群居动物，在社会这个大集体之中，每个人都要找准自己的定位和与这个世界的联系。那么，是谁在维系我们和这个世界之间的联系呢？无非就是我们的家人、爱人和朋友等在我们的人生中占据一席之地的人，而朋友在其中起到的作用非常大。宋人方岳的"不如意事常八九，可与语人无二三"、乐府诗中的"乐莫乐兮新相知，悲莫悲兮生别离"以及曹雪芹的"万两黄金容易得，知心一个也难求"等诗句无不是在说明朋友的重要性。

古代有"士为知己者死"的说法，这句话出自春秋时期的豫让之口。豫让是春秋时期晋国智氏的家臣，除此之外他还有一个重要的身份，那就是刺客，豫让是春秋时期著名的四大刺客之一。春秋时期，晋国有六卿，六卿之中赵襄子的势力最为强盛。六卿因为一些事情产生了矛盾，日积月累之下，六卿中的智氏智伯瑶对于赵襄子的不满越发强烈，赵襄子于是联合了韩氏和魏氏两卿攻打智氏，双方交战于晋阳，智氏不敌惨败，智氏的家主智伯瑶被杀。赵襄子对智伯瑶尤为厌恶，即便智伯瑶死了，赵襄子的怨恨也没有消除，而将智伯瑶的头盖骨拿来当作酒器。

豫让本来是范氏、中行氏的臣子，但是当时豫让并没有得到他们的重用，所以当智伯瑶灭掉范氏、中行氏的时候，豫让转而投入智伯瑶的门下。智伯瑶非常欣赏他、看重他，豫让对此十分感激。智伯瑶被杀后，赵、魏、韩三卿瓜分了智氏的土地，豫让逃进了山林中。但在豫让心中，智伯瑶是他的知己，待他十分诚恳，他决定倾余生之力替智伯瑶报仇。于是他隐姓埋名，为自己伪造出了一个新的身份，并潜伏到赵襄子的王宫之中。在王宫中，他一边洗刷厕所，一边伺机报仇。

有一天，赵襄子来如厕，到厕所前突然心跳得厉害，他警觉自己即将面临危险，就命令手下的人将洗刷厕所的人找来审问，豫让的身份暴露了。这时他突然从怀中掏出锋利的匕首，一边喊着“我要为智伯瑶报仇！”一边飞快地刺向赵襄子，但赵襄子身边的卫士更加眼疾手快，豫让寡不敌众，刺杀失败被俘。卫士正要杀死豫让的时候，赵襄子阻止了他们，说：“智伯瑶死去的时候没有留下子息，身死即国灭，豫让身为他的臣子不但没有背叛他，反而在他死后为他报仇，这说明他是一个讲义气、有操守的忠厚之人。我不杀这样贤良忠诚的人，日后我小心避开他就是了，你们把他放了吧！”

豫让虽然被放走了，但他为智伯瑶报仇的心并没有死。为了能够隐瞒自己的身份，豫让不惜将自己的容貌毁去，扮成一个沿街乞讨的乞丐。但他的妻子却听出了他的声音。为了进一步伪装自己，豫让甚至吞下了炭，毁去了自己原来的声音。朋友看到他现在这副人不人鬼不鬼的样子，为他感到不值，于是劝说道：“你用这种方法真是太不明智了，不仅自己吃足了苦头，还很难成功，你为什么不选择更加容易的方法报仇呢？赵襄子明显也很欣赏你，如果你现在接近赵襄子，向他投诚，为他尽忠，那么他肯定会和智伯瑶一样重视你、相信你的。等到他信赖你、不再对你设防的时候，你再实施自己的复仇计划，不就简单了吗？”

豫让听完之后摇摇头说：“我不能成为赵襄子的朋友，如果我为了老朋友去打新朋友，那就与我忠于朋友的原则相悖。如果我做了赵襄子的臣子，一边博取他的信任，一边又暗中谋划刺杀他，那我不就成了不忠不义之徒？此时是否能够成功报仇已经不重要了，我只求为智伯瑶尽忠，哪怕是以死来报答他的知遇之恩。”

没过多久，赵襄子外出巡视，豫让提前得知了消息，他选在赵襄子巡视途中的一座桥下埋伏了起来。当赵襄子骑着马走到桥边的时候，他身下的马突然间不安地挣扎起来，无论如何也不肯上桥，警惕的赵襄子当即感觉到了危险，他立刻让手下在周围展开搜捕，果然再一次抓到了豫让。

赵襄子一看又是豫让，不由得有些奇怪，他想知道豫让为什么如此锲而不舍地刺杀他，于是问道：“我记得你之前是范氏、中行氏的臣子，当智伯瑶灭掉范氏、中行氏的时候你不但没有替他们报仇，反而向智伯瑶投诚，做了他的臣子。现在智伯瑶被我杀掉，他没有子孙可以继承他的事业，他的土地也已经被我们瓜分，你为什么还要替他报仇呢？”

豫让说道：“此前我的确是范氏、中行氏的臣子，但范氏、中行氏只把我当成一个普通人看待，在他们眼里我和其他人并没有什么分别，我也只能用对待普通人的方式去对待他们。而智伯瑶赏识我，把我当作朋友和国士来对待，所以我才会以朋友和国士的态度来回报他，即便他死去我也依旧忠于他，为他报仇。”赵襄子也是爱才之人，十分赏识豫让，但是听完豫让的一席话，他便知道自己是无法将豫让这样的人才收为己用的。于是，他遗憾地说道：“豫让，你为智伯瑶报仇的事情已经天下皆知，现在人们都知道你是一个忠义之人，而你上一次刺杀我的时候我已经放过了你，对你可谓是仁至义尽。如今你依然要刺杀我，这一次我真的不能放过你了。”

赵襄子手一挥，卫士们便将豫让团团围住。豫让对赵襄子说：“知其不可为而为之，帮智伯瑶报仇这件事我没有后悔过，你之前已经放过我一次，现在天下人也都知道了你的贤明，世人无不称颂你是睿智宽容的君主。我今天来这里刺杀你，即便因此而死也没有什么怨言，但我临死前有一个心愿。智伯瑶死后，为他报仇成了我活着的信念，如今这个信念已经不可能实现了。我希望能够得到你的王袍，用刀在上面刺上几下，也算是全了我对智伯瑶的一片忠诚之心，这样我即便是死去，也没有什么遗憾了。你能满足我这个愿望吗？”

赵襄子听完之后十分感动，当场把自己的外袍脱下来递给卫士，豫让接到王袍之后，拔出腰中佩剑，奋力地刺在王袍上，说道："这姑且算是我豫让为智伯瑶报仇了吧！"说完便把剑横于颈上，自刎而死。天下的有志之士听说了豫让的事迹之后，都被他的忠义之举所感动，并深深为他的遭遇感到惋惜。

忠诚是朋友之间交往最基本的准则，只有忠诚才能够让信任的种子在友谊的土壤中生根发芽，茁壮成长。如果我们不能够对朋友忠诚，那么我们不可能与他人发展出更为稳定和密切的关系。即便遇到了困难，我们也没有可以求助的对象，试问谁会帮助一个对自己不诚信的人呢？而当我们以忠诚的态度去和他人进行交往的时候，我们就能够收获真挚的友谊。

在公元前四世纪的意大利，有一个名叫皮斯阿司的年轻人，他因为冒犯了国王，被国王判处了绞刑，三天之后就要被处死。但皮斯阿司是一个非常孝顺的人，他一想起自己死后年迈病重的老母亲不知道自己的死活，也无人照顾，就不由得非常难过。他跪下来请求国王满足他一个愿望，他希望能够在临死前去安顿好自己的母亲，并和她告别。

国王被皮斯阿司的孝心所感动，决定满足皮斯阿司的这个愿望，但是他有一个条件。他担心皮斯阿司会欺骗他，在去看望母亲的途中逃之夭夭，所以他提出要皮斯阿司找一个人来替他坐牢。如果皮斯阿司逃跑了，那么这个代替皮斯阿司的人就要被送上绞刑架。

国王提出的条件近乎苛刻，皮斯阿司眼看就要死了，谁还愿意帮助他呢？万一皮斯阿司一去不回，替他坐牢的人岂不是要枉死了吗？就在人们以为皮斯阿司的愿望不可能达成的时候，皮斯阿司的好朋友达蒙站了出来，他决定代替皮斯阿司去坐牢，让皮斯阿司回去和自己的老母亲告别。就这样，皮斯阿司从牢房里出来，迅速离开了都城，达蒙则安静地在牢房里等待着。

时间一点一点地流逝，皮斯阿司却始终没有出现，人们都认为皮斯阿司肯定欺骗了国王和达蒙，说不定他现在都已经逃远了。就在人们议论纷纷的时候，三天的期限到了，达蒙被人押着上了囚车，他即将被送到绞刑架处死，路边的人一边同情达蒙的遭遇，一边责怪达蒙不应该盲目地相信皮斯阿司那个骗子，否则也不用替他去死。达蒙在人们吵闹的议论中始终面色平静。

来到绞刑架前，国王已经在那里安然落座了，一旁的行刑手干脆利落地将绞索套上了达蒙的脖子。周围心地善良的人开始哭泣，他们认为像达蒙这样的好心人不应该就这样被处死。就在国王要下令绞杀达蒙的危急时刻，飞奔而来的皮斯阿司挤开拥堵的人群高声喊道："国王陛下，请不要处死我的朋友，我赶回来了！"国王看向这个气喘吁吁的年轻人，因为匆忙赶路，他的衣服上沾满了尘土，脸上满是汗水，但他依旧大声请求不要处死他的朋友。在场的人都被这个画面感动了，人们简直不敢相信，皮斯阿司和达蒙的友谊竟然能够经受得住生死的考验。

就在皮斯阿司走上前，将绞索从达蒙的脖子上取下来套向自己的脖子时，国王摆了摆手说："你们之间的友情感动了我，这样重情重义的年轻人不应该被处死，我赦免你的罪行！"听到这个消息，周围的人都欢呼起来，把手绢和帽子抛向高空，他们一边称颂着国王的仁慈宽厚，一边由衷地为皮斯阿司和达蒙两人的结局感到高兴。

朋友是在我们遭受危机的时候没有抛弃我们的人，正是因为皮斯阿司的忠诚赢得了达蒙的信任，所以即便在生死关头，达蒙依然相信皮斯阿司的人品，勇敢地为了朋友挺身而出，这样的友谊足以感动世人。朋友也是我们在面临利益与友情的抉择时让我们毅然选择友情的人。唐朝的宰相白敏中就曾面临过前途和朋友的艰难抉择。

白敏中和贺拔惎是朋友，两个人志趣相投，私交甚好，他们约定了一起到长安参加科举考试。当时的主考官是王起，王起非常赏识白敏中，因为他是大诗人白居易的弟弟，出身望族又才华过人，所以想取白敏中为这一届的新科状元。但是王起非常讨厌和白敏中交好的贺拔惎，认为白敏中这样一个出身高贵的人不应该和出身贫寒的贺拔惎交往甚密，于是王起派出自己的心腹去劝说白敏中。这个心腹对白敏中说："只要你不和贺拔惎来往，王主考肯定取你做状元郎。”白敏中听完后，皱着眉头没有接话。

恰巧贺拔惎前来拜访白敏中，白敏中的家人暗中得到了风声，担心白敏中与贺拔惎的来往影响了白敏中的仕途，就推说白敏中不在家，三言两语把贺拔惎打发走了。白敏中得到消息之后大发雷霆，连忙追上去拉住贺拔惎，将实情告诉了贺拔惎，白敏中说：“左右不过是个状元罢了，我怎么能为了一个状元的名头抛弃我的朋友呢？”说着他便将贺拔惎带回家中，并在家中大摆宴席，和贺拔惎痛饮了一场。王起的心腹将这些看在眼里，回去就将事情的经过一五一十地回禀给了王起，并进言道：“白敏中舍不得贺拔惎，宁可不做状元郎，那大人干脆就不取他做状元郎好了。”

王起却摇了摇头说：“不，白敏中为了贺拔惎这个朋友甘愿不做状元，不恰恰说明了他是一个对朋友忠诚的君子吗？他不做状元，谁有资格做状元呢？”结果王起不仅将白敏中取为状元，还将贺拔惎一同录取了。

在面临仕途和朋友的抉择时，白敏中毅然决然地选择了自己的朋友，白敏中这种对朋友的赤诚之心感动了王起，也得到了世人的敬仰。然而这个世界上也不缺乏背信弃义的小人，在面对利益的时候，他们选择出卖自己的朋友，丧失了做人的底线和对朋友的忠诚，拿珍贵的友谊去换取金钱、权势等俗物。在四大名著之一的《水浒传》中，陆谦就是这种背信弃义、卖友求荣的代表性人物。

陆谦和林冲是同乡，两人自幼便相识，也是相交多年的好朋友，林冲曾多次帮助过陆谦，更在自己做八十万禁军教头的时候救过陆谦。但贪图富贵的陆谦为了讨得高俅的欢心，竟然设计将林冲骗到酒楼，又趁机将林冲的妻子骗到自己家中。他的诡计很快就被林冲识破了，但他不但不知道忏悔，反而接二连三地设计陷害林冲，给林冲安了个“手执利刃欲伤害朝廷命官”的罪名，害得林冲被杖责二十、刺配沧州还不够，竟然还屡次三番地买通押解林冲的官差，想置林冲于死地。

但由于各种原因，押解林冲的官差一直没有下手的机会，他便亲身上阵，要火烧草料场，将林冲烧死。他本打算烧死林冲之后，捡走他的几块骨头去向高衙内邀功请赏，怎料林冲因为风疾雪重下山买酒逃过了一劫，等他回来时恰好看到陆谦，仇人相见分外眼红，林冲在山神庙干脆利落地将陆谦杀死，逃上了梁山。

像陆谦这样背信弃义、恩将仇报的小人自然是不配得到友谊的，真正的友谊是朋友之间的不离不弃和患难与共。只有在忠诚的基础上建立的友谊才能够长久，而那些为了一时的利益而交往的关系并不能被称为友谊，因为一旦一方的目的达到了，就到了这段关系终结的时刻。目的达到之后，双方不能在这段关系中获取更多的利益，彼此之间就连寒暄也显得多余，这又怎么能被称为友谊呢？只能定性为暂时的合作或各取所需罢了。

真正的朋友即便短时间内失去联系，依然不会对彼此感到陌生，因为他们相信的是对方的人品。所以如果想要交到真正的朋友，获得真挚的友谊，请不要吝惜自己的忠诚，敞开心扉，真诚地与人相交，只有这样，我们才能够让对方信任我们，从而建立稳定的友情。

5. 夜空中最亮的星——积极情绪之希望

著名教育家陈懿说过："希望是黑暗中的火光，使人精神振作；希望是沙漠中的绿洲，使人心旷神怡。"希望虽然看不见摸不着，却切实地存在于每个人的心中。

在古希腊的神话传说中，人类最初生活在寒冷之中，吃着冰冷的食物，日子过得非常艰难。普罗米修斯见到人间的这幅景象之后，从天上偷来了火种，教会了人们如何使用火。人们自此学会了使用火，利用火取暖，用火吓走夜晚捕猎的野兽，用火加热食物，等等。但天神宙斯知道这件事情之后非常愤怒，为了惩罚盗火者普罗米修斯和因火而受益的人类，宙斯决定把灾难降临到人间。宙斯命令火与工匠之神赫菲斯托斯根据女神的形象，用水与泥混合塑造出一个可爱的少女，传讯之神汉密斯将她取名为潘多拉，意味拥有一切天赋的女人。宙斯命令众神一一赠送给她能够诱惑人类的天赋，赫菲斯托斯给了她一件华丽的金色长袍，穿上这件美丽的衣服，她就会拥有诱惑男人的能力；众神的使者赫尔墨斯教会了她言语的技能，让她说出的话具有打动人心的力量；爱与美之女神阿芙洛狄忒给她洒上了令人疯狂的香味；智慧与战争女神雅典娜虽然给她精心打扮，却拒绝赋予她智慧。所以潘多拉虽然美丽，却单纯得近乎愚蠢，她是集众神祝福的尤物，同时也是宙斯送给人类的一个大灾难。

宙斯送给潘多拉一个密封的盒子，他告诉潘多拉，不要轻易打开这个盒子，并命令赫尔墨斯把她带给盗火者普罗米修斯的弟弟埃庇米修斯。埃庇米修斯一眼就被这个可爱的女人迷住了，尽管普罗米修斯此前曾多次警告他不要接受宙斯送给他的任何礼物，但是埃庇米修斯仍然彻底沦陷在了潘多拉温柔多情的眼眸中，将哥哥普罗米修斯的警告抛在了脑后。

潘多拉很快便成了埃庇米修斯的妻子。潘多拉虽然生活得安稳充实，但她内心依然对于宙斯送给她的盒子感到十分好奇。有一天，实在压抑不住好奇心的潘多拉打开了那个密封的盒子，结果，盒子里的灾难、瘟疫、贪婪、罪恶等祸患飞奔而出，在人间肆虐。从此，人类饱受灾难和病痛的折磨，贪婪和罪恶让人们互相残杀，曾经幸福的生活不复存在。

打开盒子的潘多拉意识到自己犯了大错，惊慌失措的她连忙把盒子关了起来，于是当初智慧与战争女神为了挽救人类的命运而放在盒子最底层的美好的东西——希望，被永远保留在盒子里。

希望是非常重要的一种情绪，它和梦想相近。关于梦想，很多人都对它的重要性有着深刻的认识，网络上有句流行语叫作："人没有梦想，那和咸鱼有什么区别？"的确如此，人如果失去了梦想，就会找不到人生的方向，而如果人失去了希望，就看不到自己的明天和未来，人生也会因此而失去色彩。每个人都是在迷雾中行走的旅人，而希望就是远方的一盏灯，能够为人们拨开迷雾，照亮前进的路途，指引着人们向着光明的前方走去。

在日常生活中，我们难免会遭受一定的挫折和磨难，有的人在与磨难作斗争的过程中越挫越勇，而有的人被挫折打败后则一蹶不振，两者的区别就在于是否保有希望。

美国著名作家欧·亨利的短篇小说《最后一片叶子》，就讲述了一个关于希望的故事。一家医院的某间病房里，华盛顿贫民窟的穷学生琼西因为患上了肺炎而生命垂危，病魔把她折磨得不成人形，她的精神也几近崩溃，只有窗外的景色能给琼西的心灵带来一点点的安慰。时值深秋，树上葱绿的叶子逐渐染上了秋色，一阵寒风吹来，树上的叶子也纷纷飘落在地上。

琼西看着这样萧瑟的风景，希望也一点一点地丧失了，琼西的身体状况越来越差。有一次，琼西的朋友苏前来看望她，琼西对着挚友说出了自己的心声："我的生命就如同这常春藤上的叶子一样，当树叶全部落光的时候，我也就会死去了。"琼西和苏的邻居贝尔曼是一个年过六旬的画家，当他得知这个消息的时候，连夜用彩笔在树梢处画出了一片逼真的树叶。这样一来，无论窗外的寒风如何肆虐，这最后一片树叶始终没有掉落。琼西也因为绿叶的缘故找到了生存下去的希望，奇迹般地战胜病魔，活了下来。

保有希望的人即便跌落深渊，也能够生出无穷的力量支撑自己拼搏下去，在面临命运突如其来的打击时也能够以积极的心态去面对；而失去希望的人则沉浸在失败中无法自拔，失去了再次拼搏的动力，进而丧失了本该属于自己的美好未来，甚至是自己的生命。

一名冷库的工作人员在下班的时候例行检查冷库，走进冷库的时候他不小心带上了冷库的大门，他连忙跑到门前奋力地敲门。但此时同事们都已经下班了，没有人听到他的呼救，他的手机也和衣服一起放在了值班室里。他绝望地意识到，现在他的处境已经是“叫天天不应，叫地地不灵”了，也许用不了多久，自己就会被冻死。看着冷库中弥漫的冷气，他感到越来越冷，恍惚间他仿佛已经预见了自己的死亡。他绝望地坐在地上，默默地将自己环抱在一起，希望死亡的时刻晚一点到来。

第二天，同事们在打开冷库大门的时候发现了倒在地上的他，他的身体已经没有任何生命迹象了，同事连忙报警。警方验尸的结果让人匪夷所思，这名工作人员竟然是被冻死的，但奇怪的是当天晚上冷库的电源根本就没有连接上，制冷设备也停止了工作，也就是说冷库内的温度已经和外界的温度相差无几了，在正常的室内温度下，为什么这个工作人员还会被冻死呢？

其实这名工作人员并非死于外部环境的残酷，而是死于自身希望的丧失。因为丧失了希望，所以他沉浸在即将死亡的恐惧之中，感受不到冷库中气温的回升，也无法判断自己所感受到的寒冷究竟是来源于外部环境还是心理暗示，他失去了生存的希望，所以才会死去。

当我们面临死亡威胁的时候，比肉体先投降的往往是精神；当我们的精神被击溃的时候，希望也就不复存在。这时我们仿佛已经看见死神的镰刀架到了自己的脖子上，不会再有求生意识，但其实只要我们不放弃生存的希望，总能够在危机之中发现转机。

在生活中，我们虽然很少面临死亡的威胁，但会时不时地遭受命运的打击。可能我们每次鼓起勇气、奋力拼搏，都会以失败的结果告终，但阳光总在风雨后，只要我们心中怀有希望，就能够驱散人生中的迷雾，照亮我们前进的道路，只要我们不放弃希望，坚持走下去，那么我们便多了一次成功的机会。当我们重新鼓起勇气、拾起信心，努力向着自己的目标前进的时候，就连苦难也会为我们让步。

6. 贯穿于全身的情绪——积极情绪之快乐

著名作家果戈理说：“快乐，使生命得以延续。快乐，是精神和肉体的朝气，是希望和信念，是对自己的现在和未来的信心，是一切都该如此进行的信心。”快乐，是人类最基本的一种积极情绪，也是人类一种放松的心理活动，能让人由内而外地感觉到无比的舒适。

生活中，快乐的情绪无处不在，孩子会因为交到了新的朋友、得到了心仪的玩具而感到快乐；学生会因为攻克了一道难题、考出了一个好成绩而感到快乐；恋人会因为对方的一句情话、一个牵手的动作而感到快乐；老人会因为儿孙绕膝、耍宝逗乐而感到快乐。上班的时候，我们会因为出门的时候看到柳枝抽条、鲜花盛放而感到快乐；与同事们闲聊两句八卦，同样能让我们的精神得到放松，从而感到快乐；一天的充实工作也会让我们感到快乐；闲暇时和关系密切的朋友看了一场高品质的电影、吃到惦记已久的美食，同样会让我们感到快乐。

快乐是一种非常纯粹的情绪，也是人们不断追求的一种情绪体验。俗话说“怒伤肝，悲伤肺，思伤脾，惊伤肾”，但人们对于快乐的情绪却有着高度的赞扬，如“笑一笑，十年少”“一笑解千愁”等俗语，无不是在强调快乐的情绪对于人们的积极影响。

芬兰的一个科研团队在研究情绪的时候偶然间发现人类的情绪似乎与身体的某个部位有着一定的关联。其实情绪会影响人体的某个部分是必然的，只要我们留心观察，就可以发现这种关联无处不在：当我们感到害怕的时候，我们会不停地颤抖；当我们感到紧张的时候，我们会心跳加速、手脚发热；当我们愤怒的时候，我们会不由得瞪大双眼、咬牙切齿、握紧双拳、面色涨红、双肩收紧等；当我们感到悲伤的时候，我们会情绪低落、眉眼低垂，甚至掉下眼泪。

由此可见，在不同的情绪影响下，我们的身体会做出不同的反应。科学家们为了更详细地证实这个观点，特意找来七百名志愿者进行了严密的实验。志愿者们各自观看了由科学家们挑选出来的关于不同情绪的故事、电影、图片、词语等，以便唤醒他们的情绪。志愿者们在观看图片、电影等的同时，也在观察和描述自己身体各部位的感受以及肢体反应活动的增强或减弱。

实验涉及六种基本情绪：愤怒、恐惧、厌恶、快乐、悲伤以及惊讶。此外还有多种复合情绪，如焦虑、抑郁、羞愧、嫉妒、骄傲、爱、鄙视、中性等。科学家们根据志愿者们的描述绘制出了“人体情绪地图”，“人体情绪地图”显示，不同的情绪影响着人类身体的不同部位。

在情绪被唤醒的时候，人体的大脑和胸部有着明显的变化，科学家们认为，这也许是因为情绪与人体的心率变化、面部表情变化以及呼吸频率变化有着重要的关系。其中愤怒的情绪最容易对人的大脑产生影响；而在感到忧伤、抑郁和绝望的时候，人体上臂的动作会受到不同程度的抑制，人体的感觉也会相应地钝化；厌恶的感觉则直接造成人体的消化系统的不适；爱的情绪体验对人的上半身有着显著的影响。而在这众多的情绪中，只有快乐的情绪体验直接贯穿了人体上下，激活了几乎人体全身的所有区域，这与人们快乐时会忍不住手舞足蹈、浑身上下都散发着愉悦的气息恰好相呼应。

快乐如同一阵清风，能够吹散笼罩在人们心头的乌云；快乐如同一阵润物细无声的微雨，能够滋润人们干涸的灵魂。快乐的人总能够发现生活中的美好，感恩命运的馈赠；而被负面情绪控制的人就很难逃脱内心的樊笼，时时处处都能感受到命运的苛责与刁难。对于同样一件事情，快乐的人和不快乐的人会有迥然不同的观点，快乐的人在面临生活中的挑战时，能够从积极乐观的角度去思考问题，从而提出完美的解决方案；不快乐的人却很容易丧失坚持下去的意志，草草放弃，因而和成功擦肩而过。

快乐虽然不能够为我们扫清前方的障碍，却能够让我们在前进的道路上走得更加顺利。当我们被快乐的情绪包围的时候，我们看待问题的态度也能够更加积极，我们的思维也不再被紧张、焦虑、恐惧以及失望等负面情绪所局限，对现状的理解也就更为明晰。这样能够极大地增强我们解决问题的信心，为我们解决问题提供强有力的帮助。

快乐同时也象征着人类身心的和谐和心理状态的健康。人在快乐的时候，记忆力和身体的免疫力以及抵抗力都会有明显的提升，这是因为快乐的情绪能够对人的神经系统和内分泌系统的调节起到积极的作用，从而有利于人的身体健康以及思考、学习、记忆等活动的进行。快乐的情绪在我们的社交方面也有着明显的帮助，试问一个面色沉郁的陌生人和一个面带笑容的陌生人，哪个会更受欢迎呢？无疑是后者，因为“面带三分笑，礼数已先到”。

笑容代表着礼貌与善意，在人际交往的时候，父母会教育我们“逢人先带三分笑，遇人遇事有关照”，因为人与人交往的时候有着“伸手不打笑脸人”的隐性规则，笑容不仅是社交礼仪的一种，同时也是快乐的象征。当我们自己的情绪处于快乐的状态时，我们和他人交往时也会在不经意之间将快乐的情绪传染给他人。

当然，并非每时每刻都是阳光灿烂的，有时候我们的人生也会突然间风雨大作、电闪雷鸣，遭遇挫折和失败是生活的常态，此时情绪受到影响也是无法避免的。那么，我们如何才能够赶走自己的负面情绪，让快乐的情绪重新填充我们的生活呢？

首先，我们要建立乐观积极的心态，乐观的心态是快乐情绪的来源。

有这么一则寓言故事。一个国王统治着辽阔的疆土，他的臣民对他无不臣服，他的王后端庄贤淑，他的情人妩媚娇艳，但国王始终闷闷不乐。臣子们怀疑国王得了什么病，但无数的名医远道而来为国王诊治，给出的都是同一个答案：国王的身体很健康。那么国王为什么不快乐呢？

臣子们百思不得其解，于是向天下人寻求帮助，这时候一个举国闻名的智者站出来说：“只要找到这世界上最快乐的人，把他的衬衫脱下来让国王穿上，那么国王就能够感受到快乐，从而开心起来了。”国王听了之后连忙下令让人找到那个天下最快乐的人。

但是经过苦苦寻找之后，人们发现：臣子们因为担心国家的政务，所以很难真正开心起来；美人们担心容颜老去，失去宠爱，终日愁眉紧皱；富商们担心赚到的金币减少，每天忙忙碌碌，无暇让自己快乐；智者们忙着思考人类的来源、宇宙是否有尽头和时间是否有长短的问题，并因为这些问题的无解而面色沉郁；士兵们担心完不成国王委派的任务而日夜焦虑；农夫们担心雨水是否充沛、庄稼是否收成良好……他们都不是最快乐的人。

就在人们几乎绝望的时候，一阵愉悦的口哨声悠然飘到他们的耳中，这声音宛如夏天烈日曝晒后的一阵及时雨，让他们如同萎靡的植物得到了浇灌一样，精神上的紧张、焦虑、恐惧、失望与疲惫都被涤荡一空。他们朝着口哨声的来源飞奔而去，走近之后发现，口哨声的来源是一个十几岁的孩子，他正躺在柴草堆上惬意地吹着口哨晒着太阳。当人们走向前想要请他脱下衬衫的时候，才发现这个少年竟然穷得连衬衫都没有。人们只好把他带到了国王面前。

人们都非常好奇，一个贫穷至此的少年为什么还如此快乐呢？少年说道：“快乐就是快乐，它就在我的心中，尽管我贫穷，但我和你们这些有地位、有财富的人一样享受着温暖的阳光、和煦的风、婉转动听的鸟鸣，这让我感到活着是如此美好，我还有什么理由不快乐呢？”

诚如少年所说，快乐源于内心，它是上天赋予每个人的财富，它简单易得，却异常宝贵，不会因为一个人地位的高低和财富的多少而增减，但一旦失去了就很难找回。世界上一切庸俗的事物都无法与它相比较。怀有积极乐观的心态的人总是能够感到快乐，因为快乐就隐匿在我们的内心深处，却会时不时地跳出来让我们的生活变得更有趣味。乐观的人未必幸运，但却总能够化险为夷，因为即便被苦难包围，他们也能保持快乐的情绪，并能在危机中寻找希望，从容地面对人生中的风风雨雨。

其次，快乐来源于对自己的正确认知。想要时刻感受到快乐的情绪，还需要我们对于自己有一个正确的认知，承认自己的短板，诚恳地接受他人的建议，努力改正缺点并且扬长避短，这样我们才能够让自己更多地体验到快乐的情绪。在遭遇挫折的时候，我们也不要一味抱怨自己和命运，而是从失败中吸取宝贵的经验教训，否则挫折就只是挫折，没有任何意义，再次遭遇同样的挫折我们还是会碰壁。只有丰富自己的经验，才能够避免再一次的失败，才能够让快乐的情绪更持久。

再次，快乐还来源于自己对他人的关心和无私的帮助。英国著名诗人西德尼曾说过：“做好事是人生中唯一确实快乐的行动。”在这个世界上，我们每个人都是孤独的个体，但正因为生活中有来自他人的一点一滴的关怀、一句贴心的问候、悲伤时无言的陪伴、摔倒时的帮扶等，才让我们的内心感受到了温暖。

有一天，上帝带着他的信徒参观天堂和地狱。在地狱中，许多人正围着一口大锅坐着，锅里煮着美味的食物，人们手里握紧了一把大汤匙，焦急地看着锅。因为汤匙的手柄太长了，他们无法将食物递到自己的嘴巴里，所以每个人都饥肠辘辘，愁眉苦脸，明明看得到却怎么也吃不到嘴里。随后，上帝带着信徒去了天堂，天堂和地狱的背景是一样的，都有一口煮着同样食物的锅和同样的长柄汤匙，但这里的人都面带笑容，看上去满足又开心。信徒不解地问道：“为什么处在同样的境地，地狱里的人愁眉不展，天堂里的人却笑逐颜开呢？”上帝笑着说：“因为天堂里的人都在用手里的汤匙喂对方啊！”

这则故事告诉我们的道理就是，对他人的诚意关心和帮助足以让我们的世界从地狱变成天堂。“赠人玫瑰，手有余香”，当我们关心和帮助他人的时候，我们的内心也会感到快乐，这样在我们需要帮助的时候，别人也会无私地伸出援手，快乐的情绪就能够传播得更远。

同时，快乐与追求梦想是分不开的，没有人能抗拒成功和梦想达成带来的喜悦。古希腊有这样一则关于寻找快乐的故事。一群年轻人到处寻找快乐，可是快乐是无形的啊，找起来谈何容易呢？所以这些年轻人不但没找到快乐，反而给自己增添了许多烦恼。为了摆脱烦恼、找到快乐，他们拜访了苏格拉底，希望苏格拉底能够告诉他们快乐在哪里，苏格拉底并没有直接回答他们的问题，而是对这些年轻人说：“你们帮我造一条船吧！”

这群年轻人果断地答应了。他们准备好工具之后，热火朝天地干了起来，他们齐心协力砍伐合适的木材，把粗大的木头凿成独木舟的形状，同时做好了船桨。他们把船推到水里之后，兴奋地邀请苏格拉底上船，一边划着船桨，一边齐声高歌。苏格拉底问道：“年轻人，你们现在感到快乐吗？”他们齐声回答道：“快乐，我们现在非常快乐！”苏格拉底说：“快乐不必费心寻找，当我们为了一个明确的目标而努力奋斗的时候，它往往会悄然降临。”我们为了梦想而努力奋斗的时候，也正是我们最快乐的时候，实现梦想那一刻，我们快乐的情绪也会被推向巅峰。

最后，快乐有时候还需要我们降低对自己的要求。某些时候，我们可以将自己的期望值调得低一点，小的目标更容易达成，这样我们产生快乐情绪的成本就会低一点，变得快乐也就容易了很多。

另外，快乐与人的兴趣也有着莫大的联系。我们可以发现很多小孩子在做自己感兴趣的事情时，会格外的开心，而在做一些他们觉得兴趣寥寥的事情时就总是愁眉苦脸，即便大人也是如此。每个人在做自己喜欢的事情时内心都会生出一种愉悦感，而做不喜欢的事情时，快乐的情绪就很难保持。所以，当我们感到不快乐的时候，不妨调节一下，听听自己喜欢的音乐，看一场期待已久的电影，做一些感兴趣的小手工，画一幅美丽的画，和朋友聊聊天，这些都能够让我们的情绪由阴转晴，让快乐的情绪重新滋润我们。

还有，在接触新奇事物的时候，我们也会感受到惊喜的情绪体验，所以当我们情绪低落的时候，不妨做些大胆的尝试，偶尔的破格之举往往能给我们带来意外之喜。

当然，快乐并不是说没有烦恼，没有烦恼的人生是不存在的。关键就在于如何解决烦恼，找到让自己不开心的根源，快乐有时候就是那么简单。

7. 祸莫大于不知足——积极情绪之知足常乐

俗话说得好，知足者常乐。知足是人们对于现状的自知和满足，是处理生活状态，使之与心理需求实现平衡的调节剂，是一种有益的健康情绪。知足同时也是中国哲学中独有的一种智慧，“知足”一词最早出现在老子的《道德经》中：“故知足不辱，知止不殆，可以长久。”“罪莫大于可欲，祸莫大于不知足，咎莫大于欲得。故知足之足，恒足矣。”

《增广贤文》曾将知足总结为两句警世名言：“知足常足，终身不辱。知止常止，终身不耻。”意思是知足的人就能常常感到满足，不会让暴涨的欲望压倒理智，做出辱没自己的行为；做事情有分寸的人就知道什么时候该控制自己的行为，不会让自己做出某些不恰当的行为并为此蒙受耻辱。

说到知足，不得不提起的就是欲望。欲望是所有动物的天性，是动物的一种原始本能，没有欲望，动物就不会为了饱腹、交配、繁衍后代等生理需求而奋斗，世界上所有的动物都将无法避免地走向灭亡。对人类来说，欲望是指人类的心理和身体想要得到满足的一种渴望，是人类本性中产生的想要达到某种目的的需求。欲望在人类的生存，甚至是动物的生存中都起到不可或缺的作用。欲望没有好坏之分，但如果我们不能够控制好自己的欲望，那么往往会沦为欲望的奴隶，所以关键还要看我们是否能够有效控制自己的欲望。

欲望在我们的生活中可谓无处不在。路上骑着电动车的人看到身边疾驰而过的汽车时，会产生羡慕的情绪，因为他们也想要一辆汽车，这样就不必每天被汽车尾气熏得咳嗽连连了；开着汽车的人则羡慕那些拥有更好性能的车子的人。玩着拼图的孩了羡慕有乐高积木、遥控小汽车、遥控飞机的孩子；

玩着遥控飞机的孩子则想要父母带着他们去游乐园。住在拥挤的群租房里的异乡打工客羡慕那些在城市里拥有一套自己的房子的人；买了一套房子的人则羡慕那些有着好几套房子，甚至是豪宅、别墅的人。在太阳底下做着体力活的打工者羡慕那些坐在办公室里的白领能够吹空调，不必风吹日晒；独居的单身男女羡慕那些甜蜜的情侣，在下班回家的时候也希望有香喷可口的饭菜等着自己……

这些“想要”“羡慕”“希望”的本质其实都是欲望，每个人的每一种行为几乎都是在满足自己的欲望。但有一个成语叫“欲壑难填”，人的欲望是无穷无尽的，以人类有限的时间和精力去满足无穷无尽的欲望，无疑是一种愚蠢的行为。

在古代，民间流传有一首《十不足》诗：“终日奔忙只为饥，才得有食又思衣。置下绫罗身上穿，抬头又嫌房屋低。盖下高楼并大厦，床前却少美貌妻。娇妻美妾都娶下，又虑出门没马骑。将钱买下高头马，马前马后少跟随。家人招下数十个，有钱没势被人欺。一铨铨到知县位，又说官小势位卑。一攀攀到阁老位，每日思想要登基。一日南面坐天下，又想神仙来下棋。洞宾与他把棋下，又问哪是上天梯。上天梯子未做下，阎王发牌鬼来催。若非此人大限到，上到天梯还嫌低！”

古人的智慧不得让人不叹服，因为即便到了现在，人们依然没能摆脱欲望的桎梏，还总是在不满足现状与追求更好生活的煎熬中努力奋进或苦苦挣扎，在感受到欲望被满足的片刻欣喜之后，又很快被新的欲望控制住思想和行为，得不到片刻的喘息，连现有的美好生活也来不及好好享受。

日本神话传说中有一个名叫惠比寿的神，他原本只是渔民所信奉的海上守护神，后来由于商业的兴起，逐渐被人们当作商业神和财神。

话说，有一天惠比寿化作凡夫俗子的模样到人间游玩，走到一座桥边的时候，他突然听到一个人叹着气说道：“为什么富人已经有了数不尽的钱财，却还是想要得到更多的财富呢？如果这些富人都懂得知足的道理，每个人守着各自的本分，那这个世界不就可以变得更好了吗？”惠比寿一听，觉得这话说得非常有哲理，就朝说这话的人走过去，惠比寿打算考验一下这个人。

走近了之后惠比寿才发现，说话的人是一个衣衫褴褛的乞丐，身边还放着一个缝补多次的袋子，惠比寿上前说：“我就是传说中的财神，刚才我听到你说的那番话，觉得很有道理，恰好我这里有很多的金币，可以全部送给你。但是丑话说在前头，要是你的袋子装不下这些金币，让金币掉在地上，那么这些金币就会全都变成尘土。”乞丐听后连忙跪地道谢，随后手忙脚乱地抓过脚边的袋子，双手撑开了袋口。

惠比寿口中默念法诀，略一施法，便有数不尽的金币如同流水一样“哗啦啦”地落进了乞丐破旧的袋子里，袋子很快被装得鼓鼓囊囊。惠比寿收了法术，说道：“差不多了吧，袋子已经快装满了。”乞丐的双眼被金闪闪的钱币映照着，眼神看上去有些狂热，他喃喃地说：“再来点，袋子还没有装满。”惠比寿又施了法术，金币“哗啦啦”地坠落，很快就在袋子里堆成了一座小山。

惠比寿说：“这些应该够了吧？你现在已经是个大财主了，这些金币够你花很久，继续装的话袋子会破掉的吧。”乞丐说道：“没问题的，继续装吧！这些金币还不够，我还要更多！”惠比寿又继续给他装金币，金币“哗啦啦”地落到袋子里，将袋子撑得满满当当。惠比寿说道：“可以啦，再装袋子真的要破掉了！”乞丐乞求道：“再给一枚吧！能装下的！”

惠比寿又给他装了一枚金币，结果装完之后他还想要下一枚，每次他都说是最后一枚，可每次都会继续讨要。终于，惠比寿将最后那枚金币放到他的袋子里的时候，承重过多的袋子一下子撑破了，袋子里的金币“哗啦啦”地跌落在地上，随即化成了一堆尘土。最后乞丐一枚金币也没有得到，反倒把自己仅剩的一个袋子也给撑破了，他现在比原来更加贫穷。但他现在还想不到这些，他趴在地上双手疯狂地摸索着，试图从地上找回那些金币。此时他已经完全忘记了自己之前所说的话。

这个乞丐明明已经得到了很多金币，却仍然不知道满足，显然他小看了自己的欲望，沦落到被欲望操控的地步，最后曾经拥有的一切也都变成了一场空。而著名作家普希金所写的童话《渔夫与金鱼》，讲述的也是同样的故事。

渔夫救了一条会说话的金鱼，金鱼为了报答他，愿意给他任何东西，从此之后，渔夫妻子的贪婪念头便一发不可收拾。金鱼给了她新木盆，她又想要新房子；有了新房子，她又想要做贵妇人；做了贵妇人还不够，她还想做女王；当了女王依然不满足，竟然还想要成为海上的霸主，并妄想让会说话的金鱼成为她的奴仆，结果她什么也没有得到。

很多人像那个乞丐和贪婪的渔夫妻子一样，尝到了欲望满足的一点点甜头，便再也难以抗拒，给他们再多的东西，他们也不知道珍惜和满足。从古至今，多少贪官污吏都是从最初的收受一点点贿赂到后来的越收越多、越贪越大，因为贪婪的欲望一旦放出来，就再也难以收回去。人心不足蛇吞象，那些贪婪无度的人最后必然会为了无尽的欲望葬送自己的前程甚至是性命，即便幡然醒悟，后悔得肝肠寸断，却已经没有了回头路可以走。这也恰好应了《红楼梦》中的那句“身后有余忘缩手，眼前无路想回头”。

众生万物都被欲望左右，欲望和我们形影不离，那么我们应该如何巧妙地利用欲望督促自己奋进，而不是被欲望囚禁，落得像那个乞丐和渔夫的妻子一样的境地呢？知足无疑就是那个唯一正确的答案。懂得知足的人，能够在无穷无尽的欲望和有限的获取能力之间找到平衡点，调节两者之间的矛盾，从而使自己获得满足感和内心的宁静，享受现有的幸福和快乐，以更积极的情绪和心理状态去面对生活中的挑战。懂得满足之人的情绪和心态是积极向上的，他们有着健康的心理，处处时时都能感受到自己是被快乐紧紧包围着的。

有这样一则寓言故事，一个小天使在送信的过程中因为太累睡了过去，当他醒过来的时候发现自己的翅膀被人偷走了，他没有了神力，弱小的人类轻轻一推便能将他推倒在地。小天使感受到了之前从未感受到的寒冷和饥饿，他跌跌撞撞地向不远处的村庄走去，敲响了一户人家的大门，希望人们能够收留他。虽然他说自己是天使，但由于他没有了神力，也无法给别人带去礼物，所以很多人家都拒绝让他留宿。

最后小天使来到了牧羊人温馨整洁的木屋中，他讲述了自己的遭遇，本以为自己会再次遭到拒绝，没想到牧羊人慷慨地收留了他，给他穿上了暖和的衣服，还端来了热气腾腾的羊奶，让他留宿在自己软和的大床上。小天使为了报答牧羊人的收留，便帮他放羊，放羊之余，心灵手巧的小天使用羊毛为自己织出了一双洁白的翅膀，然后在牧羊人的注视下奋力振动翅膀，飞向了天堂。

没过多久，小天使再次来到牧羊人的家里要报答牧羊人，他让牧羊人提要求，牧羊人挠着脑袋想了很久说："要不你给我一百只羊吧！"小天使双手一挥，院子里便凭空多出来了一百只羊，牧羊人连忙搭羊圈、放羊。过了半个月后，牧羊人就受不了了，羊太多了，他每天放羊都累得气喘吁吁的，于是他对小天使说："你还是把羊收回去吧！我的精力有限，实在养不了那么多，因为担心羊跑丢，我已经很久没有在放羊的时候安静地躺在草地上，看看天上的流云、感受草原上的风了。"

小天使手一挥，一百只羊便消失无踪了，他看着累得瘫在床上的牧羊人说："你有什么别的想要的吗？"牧羊人想了想说："要不你给我一座大房子吧！"小天使便施法将牧羊人原来的小木屋变成一座大房子，这下子房子里能放很多东西了。可是没过多久牧羊人便再次请求小天使收回这座大房子，牧羊人说："原来的屋子小，我收拾起来非常方便，很快就能把整个屋子打扫干净。但是现在房子变大了，我每天光打扫房子就已经耗费了许多时间，镇上马戏团的表演和村里的舞会我都没时间参加了，你还是把原来的屋子还给我吧。"

小天使将房子变回原来的样子，问道："你还有什么想要的吗？"牧羊人摇摇头说："没有什么想要的，我觉得现在就挺好的。"小天使说："每个人都有很多想要的东西，为什么你没有呢？"牧羊人笑着说道："每次我向你祈愿的时候，你都能满足我的愿望，可每次愿望满足之后，我原来的生活节奏都会被打乱。但明明我原来的生活已经很美好了啊，我向你祈求的东西反而变成我的累赘，让我失去自由，无法享受生活的美好。我之所以不需要别的东西，是因为我已经拥有了世界上最宝贵的东西——知足啊！"

知足并不是要求我们不要追求更多、更好的物质条件和精神享受，而是教我们如何缓解日益增长的物质、文化、精神需求和个人有限的时间、精力、生产力之间的矛盾，让我们在暂时没能满足自己欲望的时候得到安抚，看到现有生活的美好，放缓狂奔的脚步，体会现有的幸福，不至于让我们因为失望和求之不得的痛苦而陷入悲观的精神状态，这就是知足给人们最大的安慰。

一个年轻人时常愁眉苦脸地叹气，觉得自己是被命运女神抛弃的可怜虫，丝毫找不到奋斗的动力，靠着酒精浑浑噩噩地度过每一天。有一天，一个老人走上前问他："年轻人，你为什么不快乐呢？"年轻人说："因为我非常贫穷，我是一个被命运捉弄的人。"老人说道："怎么会呢？你明明拥有数不尽的财富啊！"年轻人将自己的两只空口袋翻给他看："我明明是个身无分文的穷鬼！"

老人笑着问他："如果我花十万元买走你的健康，让你从此以后有很多钱能花，但是会缠绵病榻，受不得风吹雨淋，你愿意卖吗？"年轻人想了想说："我不愿意。"老人接着问道："如果我花二十万元买走你的容貌，让你变得脸上生满疥疮，时不时还会流出脓水，你愿意吗？"年轻人想想都直发抖，连忙说道："我不愿意。"老人继续问道："如果我花三十万元买走你的智慧，让你从此以后像傻瓜一样，每天不知冷热，也不知时间早晚，还有可能被孩子追着丢石头，你愿意吗？"年轻人赶紧摇摇头说道："我不愿意。"

老人接着说："如果我用四十万元买走你的时间，让你从风华正茂的青年直接变成老态龙钟、腰背佝偻的老人，你愿意吗？"年轻人说道："我不愿意。"老人又问他："那么如果我花五十万元买走你的生命，你愿意吗？"年轻人坚决地拒绝道："不，我不愿意！"老人追问道："一百万元呢？一千万元呢？"年轻人说道："你花多少钱买我也不会卖的，没有了生命我要这么多的钱又有什么用呢？"老人听完笑了笑说："你现在已经拥有了数不尽的财富，为什么还要说自己时运不济、一贫如洗呢？"

年轻人听完老人的话之后恍然大悟，原来他一直以来一味地追求物质上的财富，因为物质上的贫穷而埋怨命运的不公，沉溺在悲观的情绪中难以自拔，却对自己已经拥有的财富毫不自知，甚至忘记去好好利用这些财富，这简直是太愚蠢了！年轻人抬起头来，感激地握住了老人的手，他决定不再这样浑浑噩噩地度日，要重新开始享受现有的生活并且努力奋斗。

不知足的人总在苦苦追求的过程中产生无尽的烦恼，让失望、痛苦、抑郁等负面情绪操纵着自己，对自己的生活、工作等方面处处挑剔，感受不到幸福，也感受不到生活的乐趣，让自己原先纯朴、真诚的性格也染上了浮躁、急功近利的气息，把原本健康的心态搞得一团糟，甚至影响到自己的身体健康。

而懂得知足的人能够客观地认识自己，正确看待自己和他人的优缺点，既能够看到自己的进步，也能够看到自己的短板，时刻保持平和的心态，在物欲横流的社会中依旧能够坚守住自己的本心，面对诱惑始终不动摇，以谦和从容的态度去面对生活中的阳光和风雨，即便遭受挫折和磨难，也能够泰然处之。

8. 心灵的宁静与和平——积极情绪之宽容

在儒家经典著作《论语》中记载着一段孔子和子贡的经典对话，子贡问曰："有一言而可以终身行之者乎？"子曰："其恕乎！己所不欲，勿施于人。"翻译过来就是，子贡问孔子："有没有一个字可以作为终身奉行的原则？"孔子回答他："那大概就是'恕'吧，自己不愿意做的事情不要强加到别人身上。"

恕，即宽容。英国的百科全书对"宽容"二字做了这样的注解："耐心而毫无偏见地容忍与自己的观点或公认的观点不一致的意见。"宽容，有宽大包容、不计较、不追究的意思。

宽容是一种美好的品格，也是人类的一种非常宝贵的情感。法国著名作家雨果说过："世界上最宽阔的是海洋，比海洋更宽阔的是天空，比天空更宽阔的是人的胸怀。"在人与人之间的交往之中，宽容是如同润滑剂一般的存在。有了宽容的良好品质，我们就能够包容他人不同的意见，原谅别人的无心之失，让彼此的相处少一些摩擦和负担。

就像世界上没有全然相同的两片叶子，每个人的性格也是不同的，大家接受教育的水平不同、思考问题的方式不同、所处的立场不同，想法也千差万别，在和他人交往的过程中难免会有各种各样的摩擦，有时候我们会因为对同一件事情的不同想法而和对方争执得面红耳赤，甚至是大打出手。

在网络上，常常有热门事件引起人们的讨论。网友们各执一词，在网络上争论得热火朝天，很多人本来是想向他人说明自己的观点，说服对方，但在争执的过程中却逐渐演变为纯粹的对错之争。有的网友甚至还发动了人身攻击，忘了最初为什么争执。这其实就是缺乏宽容的表现，因为很多人不能容忍他人跟自己有不同的意见。但是如果仔细分析一下，其实每个人的建议都有一定的可取之处，也有一定的不可取之处。

长远来说，人们争执的目的其实是将来自己或他人在遭遇相同的境况时，能够有更多的选择和更好的结果，但是当针锋相对地激烈争执时，谁还记得自己的本心呢？一味地争出对错，有时候并不利于问题的解决，只有当我们以宽容的态度去对待他人，我们才能够以一种平和的心态去认真倾听他人的意见，了解他人的想法，这时也许我们能够在他人的想法中获得新的启发和感悟，发现自己观点中的不足，从而完善自己的观点，否则我们就只能够无休止地争吵下去，无法真正地解决问题。

在中国的历史上，有一则“六尺巷”的美谈。清朝的康熙年间，在安徽省桐城市西南一隅，两家人——吴家和张家毗邻而居，两家的房子都是祖上传下来的产业，可关于宅基地的问题却实实在在是一本烂账。当时吴家要起房造屋，两家因为宅基地的问题争吵不休，都声称那是自己祖上留下来的产业，哪怕拼上性命也寸土不让，甚至还将官司打到了当地的衙门。县官一看两家都是当地的名门望族，哪家也不好得罪，案子也不知道该怎么判好了。

这时，张家的老夫人一气之下写了一封家书加急传到了京城，递到了文华殿大学士兼礼部尚书张英的案头上，想让张英帮忙解决这场官司。张英看完家书后哭笑不得，他认为邻里之间应该和睦友爱、宽容相待，怎么能为了些许小事伤了彼此的和气呢？于是他写下四句话回复家人：“一纸书来只为墙，让他三尺又何妨？万里长城今犹在，不见当年秦始皇。”

家丁连忙把信送了回来，张家老夫人也是个明白事理的人，一看到张英的家书，就立即明白了其中的真意，于是主动命人将墙壁拆除，让出了三尺空地。吴家人一看张家人的态度，又是感动又是羞愧，也主动让出了三尺空地。就这样，在张吴两家的院墙之间，留出了“六尺宽”的空地供人行走，“六尺巷”因此得名。当地至今还有“争一争，行不通；让一让，六尺巷”的美谈。

宽容并不是懦弱无能的表现，而是一种宽广博大的胸怀，使人能够容忍他人的不同意见和过失，让人与人之间的关系变得更加和睦。纪伯伦说过这样一句名言：“一个伟大的人有两颗心——一颗流血的心，一颗宽容的心。”在待人接物时，宽容正是能够衡量一个人品性、修养、道德水准的度量衡。宽容地对待他人，既能够显示自己的气度，又能够恰到好处地表达对他人的尊重、友善和接纳，减少人与人之间的摩擦，有利于人际关系的和谐与稳定。

“泰山不让土壤，故能成其大；河海不择细流，故能就其深。”当我们以宽容的心态对待他人的时候，不仅我们自己的境界会得到提升，世界也会因为我们的宽容和理解而变得充满温情。

宽容是一种难得的人生智慧，也是一种无声的教育，它的力量远比棍棒教育的威力更大，更能够让人铭记在心。

相传古代有一位老禅师在寺庙的庭院中散步，夕阳西下，缤纷的晚霞映照在大地上，将庭院中的花草树木映衬得格外赏心悦目。走到墙边的时候，老禅师突然看到墙角不起眼的地方摆着一张椅子，他一看便知道这是哪位弟子违反寺规，跳出墙外，到花花世界里游玩去了。老禅师并没有声张，而是静立在墙边悄悄等候着，这一等就从暮霭沉沉的黄昏等到了星斗满天的深夜。

突然，老禅师听到墙外传来了一些动静，便静静地挪开椅子，径直蹲了下去。只见一个小和尚窸窸窣窣地翻过墙，脚踩着老禅师的脊背跳进了院子中，等到他回头拿椅子的时候，才发现刚才踩的竟然不是椅子，而是师父的背。小和尚顿时惊慌失措，连忙要开口认错，但是让小和尚没有想到的是，老禅师不但没有责怪他，反倒拍了拍他的肩膀，和颜悦色地说道：“夜里天气凉，赶快回禅房去吧！”

小和尚在老禅师的宽容中深受教育，从此之后他再也没有偷溜出寺庙，而是潜心修行，多年后成了一名得道高僧。

无独有偶，伟大的教育家、思想家陶行知在当校长的时候，就将宽容的理念巧妙地融合在了自己的教育中，他曾用宽容的理念教育过一个做错事情的男孩子。一天，陶行知在校园中看到一个男生正在欺负另外一个男生，陶行知连忙高声制止了他的暴力行为，并让这个男生到自己的办公室里。陶行知在了解了前因后果之后，回到自己的办公室，那个男生正在战战兢兢地等着他。

陶行知从口袋中掏出了一颗糖果，递给这个男生并说道："这颗糖果是奖励你的，因为你比我先到了办公室。"男生惊疑不定地接过了糖果，陶行知又掏出一个糖果，递给他说："这颗糖也是奖励你的，因为你很尊重我，我不让你打那名同学，你立刻就住手了。"男生低着头接过了第二颗糖果，陶行知又掏出一颗糖果说："这颗糖也奖励给你，我听同学们说你刚才之所以会打那名同学，是因为他欺负了班里的女生，你见义勇为，非常有正义感。"男生听到这些话后羞愧地哭了起来，他一边哭一边说："校长，我知道错了，就算同学做错了事情，我也不应该采取暴力的方式去对待他。"

陶行知听完笑了笑，从口袋里掏出了第四颗糖递给他："你认识到了自己的错误，这是非常值得奖励的行为。现在，我们的谈话结束了，你快回去吧！"

陶行知先生这种别出心裁的教育方式，比批评教育或棍棒教育都要有力得多。他没有严词批评，却让这个男生心服口服，不仅让男生深刻地认识到了自己的错误，还在无形之中播下了宽容的种子，让这个男生在以后的为人处世中，都能以宽厚的态度去包容他人、理解他人。

当我们试着以宽容的态度和他人进行交往的时候，我们就同样能够感受到来自他人的善意和理解。如此，我们的心灵就会多一些平静，我们的心态就能更加积极乐观，我们所处的世界也会因为宽容而变得更加温暖和美好。

9. 原来我也这么棒——积极情绪之自豪

自豪是一种积极情绪，也是自我意识情绪中唯一的正性情绪。当我们的目标实现或者被他人评价为成功的时候，我们的内心会产生一种兴奋的积极体验，这就是自豪。当然，自豪这种情绪并不单单在我们本身取得成功之后才会产生，当我们所在的集体或国家取得成就的时候，我们也会感到光荣和自豪。

小邱所在的学校举办春季运动会，他不是热爱运动的人，所以他没有报名参加任何一项运动，但有一项比赛他却不得不参加，那就是全校所有班级之间的拔河比赛。经过全班同学的共同努力，小邱所在的班集体在全校拔河比赛中取得了第一名的好成绩，身为班级的一员，小邱激动得流下了眼泪，其他同学也和他一样热泪盈眶，班级的所有成员都为了这次比赛的胜利而感到喜悦、自豪和光荣。除此之外，当看到祖国不断地发展、繁荣、富强的时候，我们也会因此而感到自豪。

除集体和个人的成就之外，我们还会为与自己有关的人取得的优良成绩而自豪。例如，三岁的小路凭借自己的努力将妈妈买给他用来开发智力的拼图完整地拼了出来，妈妈看到之后抱着儿子亲了一口并说道："儿子，你真棒，妈妈为你感到自豪。"周晴在校园诗歌朗诵大赛中取得了第一名的好成绩，上台领奖的那一刻，周晴的两个好朋友在台下都站起来为她鼓掌欢呼，为她取得的优异成绩而自豪。

自豪的情绪不仅仅来源于成绩，有时候我们甚至会为解出了一道数学题、猜出了一条字谜、通关了一个小游戏等微不足道的成功而感到自豪。因为在我们取得成功的时候，我们明确地意识到自我的精神需求得到了满足，所以产生了愉悦的情绪。

心理学家通过研究发现，自豪的情绪对于人的身心健康有着积极的促进作用，能够增强人体抵抗疾病的能力，有效地预防疾病的发生。自豪的情绪还对提高人的记忆力有着积极的作用。当人们产生自豪的情绪时，分析能力和长时记忆的能力都有着明显的提高。

第三章
直面消极的情绪

1. 敌视全世界——消极情绪之愤怒

愤怒是我们生活中一种常见的情绪，它是原始情绪的一种，也是一种正常的生理反应。简单来说，愤怒就是因为极度的不满而造成的情绪激动，当人们的愿望没能够实现，或者想要达成某个目的的行动遭受了挫折时，我们就会产生愤怒的情绪。愤怒和大脑的边缘系统有着密切的关系，研究发现，当猫的边缘中脑区遭受刺激的时候，它就会愤怒，继而出现大吼大叫甚至攻击他人的情绪反应。

愤怒的情绪实际上也和人的“战斗或逃跑反应”这种生理机制有着密不可分的关系。当人类遭遇食物被抢夺、领地被入侵等情况时，人类就会产生愤怒的情绪。而在被愤怒情绪操控的情况下，人的力气会大大增加。在远古时期，愤怒曾经帮助原始人类在野外生存、与敌人对抗、面临大自然灾害等多种险境中存活下来，以至于今天我们的遗传基因中仍旧保留了这种有利人类生存和繁衍下去的情绪。

愤怒的情绪不仅仅发生在人类的身上，动物也会因为求生、争夺食物、配偶以及专属领地等原因而愤怒。研究发现，野生麻雀被抓住之后，情绪会变得焦虑，并拒绝进食，很快就会死亡。所以，老人们才会说麻雀“气性大”，很难养活。

【情景回放】

小路暑假的时候被爸爸送到乡下爷爷家去住。有一天，小路和邻居哥哥阿鸣在屋子里玩，到厨房捉迷藏时，小路突然发现厨房里不知道什么时候飞进来一只麻雀，正在偷吃箩筐里的白面馒头。见到人之后，麻雀吓得到处乱飞，可窗户是关紧的，小路进来的时候已经把唯一的出口——厨房的门也给关上了，麻雀怎么也飞不出去，到处碰壁。小路连忙叫来阿鸣哥哥帮他捉麻雀。阿鸣到仓库里找出一张网，小心翼翼地挤进厨房里，三两下就把麻雀给抓住了，还用绳子绑住了麻雀的一条腿。

小路高兴极了，连忙把麻雀捧在手里，听着小东西急速的心跳，不由得就生出了养麻雀的心思。他问阿鸣哥哥麻雀可不可以养的时候，阿鸣笑着说："你还是玩一会儿就把它放了吧，这小东西气性很大的，也野惯了，你养不活的。"小路以为阿鸣在骗他，便说道："你骗人，鸟怎么会生气呢？它又不是人！"说罢自己转过身去，嘟着嘴不肯理他，阿鸣说："这麻雀还是我给你抓的呢，我骗你干吗，你要是养它，它保准不吃不喝，不是把自己气死，就是把自己饿死。到时候你肯定得哭鼻子，我之前给我妹妹抓的麻雀只过了一夜就死了，不信你问你爷爷。"

小路连忙跑去问爷爷，在爷爷那里得到肯定的答案之后，小路眼含着泪解开了麻雀腿上的绳子，爱怜地摸了摸麻雀的毛，然后摊开了手。麻雀感受到了禁锢的消失，马上从小路手中飞了出去，一转眼就消失在天际。

动物的确和人一样有着愤怒的情绪，人们一般将动物的愤怒情绪称为应激反应。鸟类在愤怒的时候，会把全身的羽毛竖起来，借此来震慑对方，这种行为被称为"炸毛"。会做出炸毛这种行为的动物还有猫，猫在愤怒的时候也会炸毛，并且发出低吼声。动物之所以会有炸毛的行为，是因为炸毛之后动物的体型会显得更加魁梧，愤怒的低吼也会格外具有威胁的意味，能够极其有效地震慑自己的对手。

人类表达愤怒的方式就多种多样了，人类自出生以来就拥有了愤怒的情绪，在还是婴儿的时候就已经无师自通地会用哭声来表达自己的愤怒情绪了，这是印刻在基因里的本能，当婴儿感觉到饥饿、寒冷等不适的时候，哭泣就是他们唯一的武器。人在逐渐长大的过程中，对于愤怒的表达方式也有了多样化的发展，不再只是单调的哭泣。有的人在愤怒的时候会大吼大叫；有的人即便怒火中烧，也只是握拳默默隐忍；有的人将愤怒的情绪宣泄于文字和音乐等艺术形式中去；还有人会采取暴力的手段发泄自己愤怒的情绪。这些都是我们表达内心的不满与愤怒的方式。

在人的社会行为中，愤怒的情绪也会在某些令我们极端反感的社会现象发生时产生，古时候的侠客和仁义之士之所以会路见不平拔刀相助，不仅仅是因为充满正义感，还因为感同身受的愤怒，以至于他们无法对他人的悲惨遭遇无动于衷。

现代社会，人们依然会因为某些人过分的行为而备感愤怒，比如多起校园暴力事件或者一些恶性犯罪行为。行凶者令人发指的行为引发了很多人的愤怒情绪，愤怒促使着人们密切关注事件的进展，希望为当事人搏出一个正义的结果。当然也有人没有控制好自己愤怒的情绪，在网络上和与自己有不同意见的人恶语相向，不仅不利于事情的解决，反而造成了恶劣的影响。

不可否认的是，愤怒始终是一种富有敌意的情绪。当一个人愤怒的时候，身边的人就会不由自主地和他保持距离，这是人们趋利避害的本能使然，因为我们无法确定一个愤怒的人下一秒是否会破口大骂，或是出手伤人。

【情景回放】

铭铭放学回家的时候，看到爸爸正坐在沙发上低着头抽烟，桌子底下倒着三两个酒瓶子，地上还有摔碎的玻璃碴。爸爸一边吞云吐雾，嘴里还一边大声嚷嚷着“为了这个家我容易吗”之类的话。铭铭的妈妈一边擦眼泪，一边在厨房里打扫卫生，见到儿子放学回家，铭铭的妈妈立刻朝他招了招手。

铭铭轻手轻脚地走到妈妈面前，只听妈妈低声说道：“你爸爸今天心情不好，你别在他眼前晃，省得他迁怒于你。”铭铭问：“爸爸为什么会生气？”妈妈说：“估计是在公司里跟别人闹矛盾了吧。一回家就发了一大通脾气，把我臭骂了一顿，还乱摔东西。你自己乖乖回房间写作业，等饭做好了我再叫你。”铭铭听话地点点头，从厨房出来，贴着墙根一路小跑，溜回了自己的房间。吃饭的时候铭铭看爸爸的气还没消，就怯怯地低着头，只敢吃自己面前的菜，把动作幅度尽量放到最小。

可即便这样，他还是被爸爸训了一顿：“就知道吃，学习成绩怎么提不上去？每次开家长会我都没脸去，这次考试再考不出好成绩，我非揍你一顿不可！”铭铭哭也不敢哭，眼里含着泪水，委屈地看着妈妈，妈妈连忙把他揽到怀里安慰起来。怒火中烧的爸爸骂完儿子还不解气，摔了筷子骂向妈妈：“你就可劲儿惯着他吧！”说完也不管吓得瑟瑟发抖的母子俩，转身摔门走了出去。

愤怒会让人变得极具攻击性，愤怒情绪本身也对人们的身体健康有着严重的危害。仔细观察，我们可以发现，人在愤怒的时候面部表情和行为举止都有着明显的变化，一般来说，愤怒的人会表现出面部发红、呼吸加快、心跳加速、身体出汗、胃部收紧、双拳紧握、血压升高、咬牙切齿等状态。传统医学四大经典著作之一的《黄帝内经》中也有“怒伤肝、喜伤心、忧伤肺、思伤脾、恐伤肾”的说法。

在中医理论中，对于情绪过度导致疾病的说法有着明确的结论：当人的情绪过度激动的时候就容易导致阴阳失调、气血不周，从而引发身体甚至是精神上的各种疾病。很多人在气急攻心的情况下会当场昏倒，甚至大病一场、精神失常，等等。所以人们才会写出“别人生气我不气，气出病来无人替”之类凝聚着生活智慧的名句。

那么，一味地隐忍愤怒的情绪不让其发泄出来，是否就是正确的做法呢？答案是否定的，任何情绪都是有临界点的，过多的情绪积压在心里，不仅会影响我们的心理健康，还会危害我们的身体健康。

名医华佗就曾经利用愤怒情绪的发泄，治好了一个太守的胸闷之症。

在东汉时期，有一个太守，他总是感觉胸闷，仿佛胸膛之上压了一块巨石，压得他喘不过气来，他请了很多名医前来诊治，结果都不太理想。后来，他的家人找来了当时名满天下的华佗给他治病。

华佗早就听说了太守的病，他来到府中一不诊脉，二不问诊，还不给太守开药方，每天待在太守的家里吃喝玩乐，府中上下凡有不遂他心意的，华佗就怒目而视、大声吆喝，比太守还像府中的主人。就这样一连过去了十几天，华佗也不提给太守治病的事情，太守不得已只好派人催他，他却每次都推脱说：“你的病情复杂，我要多做考虑才好治病。”

又过了十几天，太守再次派人请华佗治病的时候，却发现华佗不知道什么时候已经离开了太守府，在华佗居住的屋子中还留着一封他写给太守的信，在信中华佗把太守臭骂了一顿。太守一看到信中的恶言恶语，再想想华佗在府里作威作福的样子，顿时气得吐血。没想到，这口血吐出来之后，太守的胸闷之症竟然消失了。

太守顿时明白了华佗这是在“对症下药”，太守因为各种事务的烦扰导致了胸闷气结，但由于不懂得合理地发泄自己的情绪，所以病迟迟不好。华佗知道在这种情况下，他只能激怒太守，让太守把胸中的郁结之气吐出来，所以才摆出一副江湖郎中行骗的姿态。经过这么一番折腾，太守发泄出了怒火，胸闷之症也就不治而愈了。

愤怒的情绪只有经过合理的发泄，才能够起到正面的、积极的作用。但生活中，很多人在愤怒的情况下，往往会做出令自己后悔的决定。之所以有太多“不愿分手，男子持刀砍死女友”“因为小事闹矛盾，男子对邻居痛下杀手”等犯罪行为见诸报端，就是因为人们不懂得如何合理地发泄自己的愤怒，才会在愤怒的驱使下做出违法犯罪的行为。

即便愤怒的情绪没有导致违法犯罪的事件发生，胡乱发泄愤怒的情绪也会破坏人际关系，让关心我们的人受到伤害。

有这么一则寓言故事：从前有一个小男孩，他总是喜欢无缘无故地发脾气，只要他心情不好，他周围的亲人和朋友都会因此遭殃，他也从来没有想过要控制自己的脾气。直到有一天，小男孩的父亲给了他一大包钉子，父亲对小男孩说：“孩子，老是乱发脾气可不行，咱们试着来控制一下自己的情绪吧。每当你发了一次脾气，就钉一枚钉子在墙上。”小男孩听从了父亲的建议，所以每次发脾气之后，他都会在墙上钉一枚钉子。

如此过了一个月之后，小男孩每次想要发脾气的时候都会想到，自己发完脾气之后，还要费劲往墙上钉钉子，他就会先平静一下，让心里的怒火慢慢平息下去。渐渐地，小男孩能够控制自己的情绪了，他飞快地跑到父亲面前，将这个好消息告诉他。父亲说：“看来你确实在控制自己的情绪，那么从今天开始，你一天不发脾气，就从墙上取下来一枚钉子。”

小男孩遵从父亲的吩咐，几个星期过去了，小男孩竟然一次脾气也没有发过，之前钉在墙上的那些钉子也被小男孩一枚枚取了下来。等到墙上所有的钉子都被取下来那天，小男孩高兴极了，拉着父亲让他看自己控制情绪的成果。

父亲说道：“儿子，你做得非常好，但是，你看墙上的这些钉洞。这面墙就相当于你身边的亲人和朋友，你每次发脾气，口不择言地伤害他人，就等于在他们的心中钉上了一枚钉子。这极大地破坏了你们之间的感情，即便你后来向他们道歉，对之前的出口伤人进行了弥补，也只是把钉子给拔掉了。钉子不在了，墙却不能够恢复如初，给别人造成的伤害也无法挽回。”

小男孩听完父亲的话之后十分愧疚，从那以后，他再也没有冲他人胡乱发过脾气。

人在愤怒的情况下，往往会丧失理性，做出冲动的行为，等到情绪平静下来，理性的思维重新控制大脑的时候，才发现为时已晚，对他人的伤害已经造成，再怎么弥补都无济于事，即便后悔万分也无力扭转乾坤。所以，人们才需要进行情绪管理，控制自己愤怒的情绪，避免自己因为一时的怒火中烧而对他人造成伤害，甚至做出无法挽回的事情。

那么，我们应该如何控制自己的愤怒呢？

我们首先要正确地认识愤怒。愤怒是一种十分正常的情绪，不会愤怒的人也是不存在的。明确了愤怒存在的必然性之后，我们可以通过一些有效的方法来控制自己愤怒的情绪，以免我们在愤怒的控制之下丧失理智，做出一些令自己后悔的事。

人在愤怒的时候，生理方面会有一定的预警。愤怒与正常的情绪状态在面部表情和肢体动作上都有着明显的不同，这能让我们通过观察自己的肢体动作和面部表情所发生的变化来及时察觉自己的情绪。

当我们发现自己产生了愤怒的情绪时，我们要做的就是保持头脑的冷静，控制好自己的行为举止，不要放弃思考的能力，更不能放任愤怒的情绪控制自我。当我们感到愤怒的时候，首先我们要从愤怒的场景中抽离出来，转换到一个新的环境之中，这时候我们就不至于被愤怒的情景所影响，暂时给自己的愤怒熄火。

如果我们转换了环境却依然非常愤怒，那么我们就可以请求外援了。向他人倾诉、打沙袋等行为都能够有效地帮助我们发泄愤怒的情绪。在向他人倾诉的时候，我们还能够从他人的口中得到某些有价值的意见，从而有助于消除愤怒、解决问题。

当大脑已经回归到理智的控制中之后，这时候我们就可以分析令我们愤怒的原因了。与此同时，我们还需要不断地告诫自己，发泄怒火和与他人争论，逞一时的口舌之快，并不能彻底解决问题，静下心来思考回顾才能够让我们在最短的时间内想到解决问题的办法。

控制愤怒情绪最关键的步骤就是解决那个让我们愤怒的问题。任何愤怒都不是毫无缘由的，出现了问题就要解决，否则下次我们依然会因为同一个问题而产生愤怒的情绪。解决问题是彻底平息怒火的唯一有效方式，当问题得到解决的时候，我们才能够有效地防止自己在遭遇相同的情形时情绪再次失控。

此外，我们也要尽量避免接触那些容易让我们愤怒的事情，这样也能有效地避免我们出现情绪失控的状况。

2. 生命的本能——消极情绪之恐惧

【情景回放】

三岁的聪聪已经和爸爸妈妈分房睡了，可是在晚上妈妈帮聪聪盖好被子，打算离开房间的时候，聪聪还是会拉着妈妈的衣角，对妈妈说："妈妈，你等我睡着了再走好吗？我有点害怕。"妈妈问他："你的小夜灯不是从来没有关过吗？房间又不黑，你害怕什么？"聪聪说："我也不知道，就是觉得害怕，说不定会有妖怪把我抓走呢，那样你就再也见不到我啦！"妈妈被他的说法给逗笑了，认真地说："儿子啊，不要胡思乱想，这世界上是没有妖怪的。"嘴里这么说着，妈妈却没有转身离开，而是拿起了床头的故事书给他念了起来，直到聪聪睡着了才走出房间。

李晴是个中学生，每次放学回家的时候她都会经过一条很长的胡同，这条胡同非常狭窄，大一点儿的车根本进不来。胡同两边几乎没有什么人家，胡同里的路灯还坏了，很久也没有人去修，对比大街上的灯火通明，这黢黑的胡同让人心生恐惧。每次李晴走这条胡同回家的时候都会忍不住加快脚步，像身后有什么东西在追她一样。虽然她自己也知道，身后根本没有什么，都是她自己在胡思乱想，可她还是会害怕。

张廷是一名高中生，在家附近的一所高中就读，每天上完晚自习回家的时候，别的同学都回宿舍洗漱睡觉了，他却还要走出校门，往家里赶。回家的路有两条，一条大路，一条小路，大路灯火通明绕得远，小路虽然很近，但一路上没什么灯。每次张廷回家都会不辞辛苦地走大路，张廷的爸爸经常斥责他：“能不能有点出息，男子汉大丈夫半夜走个小路有什么好害怕的？”张廷也壮着胆子走了一回小路，花费的时间确实短了，因为他是一路飞奔着回去的，一步都没敢停。这种体验实在是太糟糕了，张廷绝对不想再经历第二回，所以尽管爸爸总会因为他回家晚而骂他，但他还是坚持走大路回家。

在我们的生活中，恐惧是一种非常常见的情绪。当我们面临着我们无法掌控的状况或生命安全面临着危险事物的威胁、企图摆脱困境却又无能为力时，我们就会产生一种本能的回避反应，这种回避反应所产生的情绪就叫作恐惧。当然，日常生活中我们很少说到恐惧，而是将这种因为担惊受怕而产生的强烈压抑的情绪称为害怕。

恐惧这种原始的情绪在动物身上也会出现。小狗在遇到比自己体型大的狗或是陌生人的时候会不停地叫，来发泄自己的恐惧情绪；猫在看到背后突然出现的东西时会吓得整个身体弹飞起来。这都是在生命安全面临威胁的情况下，动物产生的一种本能情绪，但人与动物的不同之处在于：人不仅仅对已知的威胁生命安全的事物产生恐惧，还会对不存在的或者说未知的事物产生恐惧。

很多孩子害怕一个人待在屋子里，当父母将他们单独放在一个房间里的时候，他们就会哭闹不止。明明孩子自己在屋子里很安全，他们却依然会产生恐惧。不光是孩子，有的大人在漆黑或者阴森的环境之中独处的时候也会产生恐惧的情绪，他们往往说不清楚自己在害怕什么，也说不清楚为什么害怕，只是单纯地感到害怕而已。

那么，我们的恐惧究竟从何而来呢？英国神学家詹姆士·里德的说法是这样的：“许多恐惧都是来自我们对我们生活于其中的世界的不了解，来自这个世界对我们的控制。”这个世界总是有很多意外，并不是每个意外都有着惊喜的成分，更多的时候意外还代表着悲剧，所以我们才会害怕事情的发展脱离自己的预想和控制。

很多艺术家对于恐惧的力量都有着深刻的认识，苏格兰作家鲍斯威尔说过："没有比恐惧更让人苦恼的情绪了；恐惧使我们痛苦不堪，并使我们在自己眼中也可鄙到了极点。"恐惧的确是一种令人感到痛苦的情绪，它不从肉体上折磨人，而是折磨着人的精神，甚至能够让人丧失尊严。

看似铁骨铮铮的人在面临死亡的威胁时，也可能会放弃尊严。当然，也有人悍不畏死，明知道会丧失生命，还是挺身而出，捍卫自己的原则和尊严。后者之所以有着无上的勇气，正是因为他们掌握了控制恐惧的力量。恐惧的本能让人类躲避危险、生存下去，但掌握控制恐惧的力量则能够让人们更有尊严地活着。那么，我们应该如何控制自己的恐惧情绪呢？

我们首先应该探究自己恐惧的原因，大多数情况下，人们的恐惧都来源于对事物的不认识、不了解。人会害怕自己每天都带着的钥匙、钱包和银行卡吗？自然是不会的，因为我们已经非常了解这些事物，并对它们的用途了如指掌，就不会因此而产生恐惧的心理。但倘若钱包、钥匙、银行卡无故漂浮在半空中呢？恐惧的情绪就可能产生，因为这超出了常理，不在我们的认知范围之内。但假设我们所处的环境是在太空中，那么这些怪异的现象就都有了合理的解释。当我们拓宽了自己的眼界，见识了更多的事物，提升了自己对于事物的认知能力，认清了恐惧源头的真面目之后，我们自然就会正确对待恐惧的情绪了。

除此之外，我们也要提高自己的预见力，培养出坚强的意志和乐观积极的态度，提高自身对于恐惧的免疫力，对可能发生的各种变故做好充分的思想准备和心理准备。这样当未知的事物出现的时候，我们才能够以更积极的态度去面对和了解这种未知的事物，才能使自己有着更好的心理承受能力，迎接未知的冒险。

在日常生活中，我们也需要尽可能多地磨炼自己的性格、意志和承受能力，并做好应对危机的准备，将所有可能遭遇的危机在大脑中模拟一遍，并找出相应的应对措施。这样当危机突然降临的时候，我们就能够有效地控制自己的情绪，避免自身受到恐惧情绪的影响，而削弱我们的思维能力和分析、解决问题的能力。

3. 情绪双胞胎——忧虑与焦虑

随着社会的发展和科技的进步，人与人之间的竞争日趋激烈，人们的生存压力也在逐步增加。日常生活中，我们常常会出现忧虑、焦虑的情绪。

忧虑和焦虑是两种非常相似的情绪。在忧虑的时候，我们整个人都会情绪低落、精神紧张，看上去无精打采、倦怠乏力，由此可能导致作息混乱、学习效率下降等。

常言道："人无远虑，必有近忧。"忧，即担忧、忧虑。忧虑是我们生活中频繁出现的一种情绪。比如，早上起床去上班，坐上公交车却遭遇堵车的时候，我们会担忧自己会不会迟到；天气骤然变冷或是下雨的时候，父母会担心外出的孩子有没有多穿件衣服，回家的路上会不会被雨淋个正着；和朋友约好在某个地方见面，对方却迟迟不来的时候，我们会担心对方是否迷路或者遭遇了其他状况；女孩在给男朋友发消息而对方迟迟不回的时候，她也会担心对方是否出了什么状况或者是否是因为感情消退而冷落自己；等等。这种忧虑是短暂的，虽然会暂时影响我们的心情，但整体上来说并不会对我们的正常生活造成太大的困扰。

焦虑与忧虑不同，焦虑让人烦躁不安，容易被激怒，很难集中注意力，也无法专注地去完成自己的任务，从而导致工作效率下降。除此之外，焦虑还会影响人的睡眠状况，导致失眠、多梦等状况发生。人们焦虑的原因通常来自外部的打击、个人的人生目标模糊、找不到前进的方向或无法实现心中的目标等。过度的忧虑长久累积，无法排解，就容易造成我们情绪的焦虑。

这种焦虑是正常的，它可以随着问题的解决而消失。比如考前焦虑，有的学生在考试前夕会担心自己考不好，即便知道自己平时有好好听课和做练习题，但或许由于之前考场失利的影响，还是会精神紧张、坐立不安、心绪无法平静，甚至出现尿频、食欲差、腹泻、头晕、胸闷、心悸、气短、注意力难以集中以及记忆力减退等状况。这种焦虑会影响学生在考场上的发挥水平，导致思维阻滞、大脑一片空白、学过的知识点一点儿也想不起来、胡乱答题、草草交卷、逃离考场等，但考完试之后，学生的这种状况就会大大减轻，甚至是消失，直到下次考试，焦虑的情绪再度出现。

与之相似的还有婚前焦虑。谈恋爱的时候好好的，可是一到谈婚论嫁那一步，情侣中的双方或某一方就开始出现紧张焦虑的情绪，产生恐慌的心理，甚至出现逃婚的念头。婚前焦虑的内容包括各个方面：家庭关系的处理、对养育下一代的担心以及对丧失自由的恐慌等。其实，出现这种焦虑的主要原因还是个人缺乏生活经验，对于即将展开的婚姻生活没有做好充分的准备。结婚之后，这种焦虑就会消失或被其他焦虑取代。

在这两种情绪之中，对人的身心健康危害较大的是焦虑，忧虑次之。但当我们被这两种情绪困扰的时候，大可不必紧张，因为生活不可能总是晴空万里的，总有阴云密布、风雨大作的时候。人的情绪也不可能总是积极乐观的，在遭遇挫折和困难的时候，我们的情绪总免不了出现消极的状态，这都是正常的情况。

忧虑和焦虑的情绪会因为我们所担忧问题的解决而消失。我们要做的就是从消除忧虑、焦虑的过程中吸取经验，避免不利于我们自身的情况再度发生，以及对未来可能出现的困境做好充分的心理准备，这样我们才能让自己的生活变得更加顺心如意。

4. 坐以待毙——消极情绪之绝望

【情景回放】

桐桐最近可急坏了。前一阵她因为贪玩，请假跟着父母一块儿出国旅行，结果旅行回来后发现自己次日就要参加考试。老师上课的时候她不在，圈出的重点她也全都不知道，虽然舍友次日一大早就把要考试的重点内容大致给她圈了一下，她饭都没吃就连忙翻书看，可这跟老师之前讲过的内容一点儿都接不上，看了也是一知半解，根本记不住。书还没看到一半的时候，监考老师已经拿着卷子走进了考场，还吩咐众人把自己的参考资料收起来。

桐桐还想多看几眼，但被监考老师一把抽走了书，放在了不远处的桌子上，桐桐发现参考书刚一合上，自己的大脑就已经一片空白。这时候坐在她前面的舍友低声问道："看得怎么样？这次能考及格吗？"桐桐欲哭无泪地说道："不怎么样，我现在什么都想不起来，对我的记忆力彻底绝望了，这次我肯定要挂科了。"

张越喜欢同系的一个女孩甜甜，他跟别人打听到了甜甜的联系方式，慢慢地和甜甜成了聊得来的好朋友。他为了接近甜甜，跟她报了同一个社团；看到甜甜在朋友圈里发自己的照片，他会第一时间给她点赞和留言；每逢过节日，他都会贴心地给甜甜送上祝福语，周末还会请甜甜出来玩，一起吃饭。

张越从甜甜的室友那里打听到了甜甜的喜好，在得知甜甜下周六过生日的消息后，他提前订好了玫瑰花、蛋糕和饭店，打算在那天向甜甜表白。可没想到生日当天，甜甜挎着一个陌生男生的胳膊来到了饭店，这个男生竟然是甜甜的男朋友！得知这个消息的张越心如死灰，失魂落魄地走回了宿舍。他的舍友知道他要表白，看他无精打采的模样，就知道没有成功，便随口安慰道："别难过，天涯何处无芳草，回头我们再给你介绍女朋友。"张越却拒绝了，他说："不用给我介绍了，我对爱情已经绝望了。"

陈雨结婚没多久就怀了孩子，她的丈夫程迪劝她辞掉工作，在家专心养育孩子，把赚钱养家的任务交给自己。陈雨感动于丈夫的通情达理，便采纳了丈夫的建议，但这种甜蜜只维持到她生完孩子之后。陈雨发现，不知道什么时候程迪的脾气变坏了，动不动就要数落她两句。陈雨打电话让他早点回家，他还会嫌烦，骂道："我不出去应酬，哪来的钱养家啊！"

喝醉酒之后程迪还会打她，但听到程迪诚恳的道歉，陈雨就心软了，并相信程迪不会再打她的承诺。但程迪一次次打她，又一次次道歉，陈雨终于对这段婚姻绝望了。心如死灰的她平静地收拾好了自己的行李，给程迪留下了一份签过字的离婚协议书。

在生活中，"绝望"这个词对我们来说并不罕见，有些人的口头禅甚至都是"我简直绝望了""我已经绝望了"等。虽然嘴上这么说，但实际上只是暂时失望而已，抱怨之后他们还会继续努力去做某件事。

很多买彩票的人在开奖之后都会说："哎呀，我这破运气，真绝望了，就没那一夜暴富的命。"但抱怨之后呢？嘴里说着"绝望"的彩民们依旧会继续买彩票赌运气，所以这种情绪并不能被称为绝望。绝望是人们偶尔能够体会到的一种情绪，一般来说，它是指我们对于某种事物完全丧失了信心。我们在做某件事情的时候，也许不能一次就成功，但失败会让我们产生失望的情绪，而在同一件事情上收获的失望不断地累积，就会让我们的自信心随之丧失，最终可能导致绝望。

"塞利格曼效应"可以说是绝望情绪产生的最直观的例子了。1967 年，美国的心理学家塞利格曼用狗做了一项经典实验，在这个实验中，我们可以清楚地看到绝望这种极端的情绪是如何产生的。

塞利格曼把狗关在设有蜂鸣器和电击设备的笼子里，只要蜂鸣器一响，塞利格曼就会打开电击设备，对狗进行难以忍受的电击。狗在狭小的笼子里惊恐哀叫、挣扎不止，试图通过这种方式逃避痛苦的电击。但很快狗就发现这并没有什么用，笼子中没有任何一个地方能够让它躲避电击。多次实验之后，再听到蜂鸣器作响的时候，狗不再到处窜动，而是趴在地上，痛苦哀叫，瑟瑟发抖。此时的狗已经在多次的受挫中产生了无助和绝望情绪，到了后来，即便塞利格曼打开了笼门，蜂鸣器再一次响起的时候，狗也没有试图逃出笼子，而是在电击没有发生的时候就倒地哀叫、颤抖不止，这就是习得性无助。人和动物在这一点上非常相似，反复受挫之后就会产生绝望、无助的情绪，表现得被动而消极。

有很多非常贴切的词可用来形容绝望的情绪，如心如死灰、槁木死灰、万念俱灰等，这些词语都是用来形容人们在某件事情上反复受挫，精神上备受打击，看不到希望，也没有了从头再来的勇气，甚至对于其他事情也无法产生丝毫兴趣，对生活失去了信心。人们绝望的情绪一般会在遭受重大打击之后产生，如挚爱的亲人离世，失业，一夜之间倾家荡产，离婚，众叛亲离，考试失败，遭受他人的暴力欺凌，或者得知自己患上了无法治愈的绝症，等等。所以，绝望可以说是一种理所当然的负面情绪。

人们在极度渴望却无论如何都无法达成心中所愿时，就会为此痛苦不堪，直至所有的希望都丧失殆尽。绝望情绪产生之后若无法排解，对人生造成的影响十分严重。

一位英国哲学家评价绝望的情绪时说道：“绝望是对无法获取任何益处的处境的想法，其作用因人而异，有时会带来不安或痛苦，有时会带来平静和懒散。”绝望的情绪若一直存在，不仅会让我们丧失信心，还会影响我们的身体健康，甚至影响到我们的心理健康，导致我们患上抑郁症、恐惧症等心理疾病。那么，我们该如何排解绝望的情绪呢？

首先，我们要分析造成自己绝望情绪的源头，判断我们是否有习得性无助。每个人都有自己擅长的领域和不擅长的领域，俗话说“没有种不出庄稼的土壤”，不能在科学研究方面做出贡献的人未必没有艺术天分，五音不全的人也许在科技领域有着过人的天赋，做不来力气活的人也许长了颗善于计算的脑袋。我们大可不必为了一时一事的成败将自己全盘否定，多做尝试，坚持到底总能找到适合自己的路，走向成功。

网络上曾经流传过这样一则励志的漫画：两个人都在挖钻石，一个人已经挖了很长一段路，也许是因为身体疲累，也许是因为他绝望了，最终他转身离开了，尽管他和钻石相隔不到十厘米，但他放弃了。另一个人却在持续不断地努力着，而坚持到底的人总有回报。

虽然漫画展示的内容只有这么多，但结局似乎可以肯定，成功的一定是坚持到底的那个人。所以当我们面临着的身体和精神的双重疲惫时，我们可以停下来歇一歇，但一定要坚持下去，给自己一个成功的机会，只要目的明确，道路没有偏差，我们总能抵达成功的彼岸。当然，如果我们坚持到底依旧没有达成所愿，那么我们至少可以安慰自己：“我们努力过了，就没什么好后悔的。”多一分洒脱，少一些固执，绝望的情绪就不会禁锢我们的心灵，我们的生活也会因为这份洒脱而变得更加美好。

5. 给婴儿吃柠檬——消极情绪之厌恶

生活中，我们常常能听到人们说的与厌恶情绪相关的抱怨之言，比如：挑食的孩子在看到父母往自己碗中夹了不喜欢吃的菜时，会说："我讨厌吃青菜！"女孩被不喜欢的人追着死缠烂打的时候，会说："我讨厌你，你不要再缠着我不放了。"追星族在电视剧里看到和自己偶像有过节的明星也在偶像的剧中出演角色时，会抱怨道："真讨厌，怎么他也来演这个剧啊，搞得我都没心思看下去了！"

厌恶对我们来说，并不是一种陌生的情绪。我们自己也总是会对某事某物产生厌烦感。早上的堵车、出游时遭遇的滂沱大雨、想睡觉时邻居家无休无止的装修噪声等，都会让我们的好情绪瞬间消失得无影无踪，取而代之的则是烦躁、厌恶等负面情绪。

那么，我们的厌恶感到底从何而来呢？为什么有些人讨厌香菜、韭菜、花椒、茴香、蒜等有着特殊味道的食物？为什么有些人天生讨厌猫、狗等动物？难道仅仅是因为听到某种声音、看到某个物体或者遇到某件事，就能够让我们产生厌恶感吗？心理学家经过研究发现，厌恶是人类的本能。

网络上曾经流传一段给婴儿品尝新鲜柠檬片的视频，婴儿在初次尝到柠檬的味道时，立即被酸得五官皱成一团，并且面对再度喂过来的柠檬有着明显的回避动作。另外，当婴儿生病的时候，父母会将药片碾碎了兑着温水给婴儿喝，而平时对喝水或牛奶毫不抗拒的婴儿在喝药的时候却会表现出明显的拒绝行为，哭闹不休。

厌恶情绪的出现与人的自我保护行为有关。婴儿不具备辨别食物好坏的能力，对他们来说，母亲的乳汁、牛奶等带着香味的食物就是有营养的，可以吃的食物；而对于其他味道的食物，如酸、辣、苦等口感的食物，婴儿不知道它们是否会对自己的生命造成威胁，所以会本能地产生厌恶情绪，并做出回避和远离行为，这正是出于人类自我保护的本能。

但随着自身的成长，人们具备了一定的知识和常识，厌恶情绪也逐渐有了明确的指向性。但这时决定我们产生厌恶情绪的关键因素还是自我保护的本能，对于那些可能对自身安全造成威胁的事物或人，我们依旧会本能地厌恶。比如，大多数人都讨厌蟑螂、蚊子、苍蝇、老鼠等动物，因为它们会传播疾病；有的人也会厌恶猫、狗等可以当作宠物饲养的动物，因为它们也具备了伤害人类的能力，且有着不可控的特性；我们同样会厌恶生活中存在的欺凌、暴力以及犯罪行为，因为这些暴力和伤害极有可能在我们无法预料的某个时刻加诸我们自己身上。这些厌恶的情绪都是基于自我保护的目的而产生的。虽然厌恶是一种令人很难愉快起来的情绪，但它却能够为我们的生存和趋利避害提供帮助。

6. 矛盾的综合体——自大与自卑

【情景回放】

张源是一个心地善良的人，别人遇到困难向他寻求帮助的时候，他总是乐于伸出援手；但与此同时，他也是一个非常自卑的人，可能是由于家庭条件不太好，他非常介意这一点，并时常觉得自己低人一等。和别人交谈的时候，他显得赵趄、嗫嚅，从来不敢大声讲话，别人跟他交谈时，总要凑近了让他重复一两遍，才能听清楚。有些事情非要等到别人问到他，他才会说，不问的话，即便他自己知道也不出声。平时他也尽量淡化自己的存在感。

在工作上遇到了什么难题，张源也表现出明显的畏惧和退缩，看上去十分懦弱，没什么担当的样子。但有些时候张源却又表现得过分自信，甚至有点钻牛角尖。比如在公司里，几个同事聚在一起说了什么话并齐声笑了起来，当他走近的时候同事们已经开始了另一个话题，他就会觉得同事们刚刚是谈论了关于他的话题，并认为自己被嘲笑了，即便有人跟他说出真相，他也不肯相信，而是坚信自己的判断。同事们都感觉和他交流是一件非常费劲的事情，因为需要时时刻刻照顾到他的情绪，指不定哪句话就会伤害到他脆弱的自尊心。

由于得失心过重，张源的情绪也比其他人更消极，同事们经常能够听到他倾诉自己的负面情绪，可是大家都不太善于安慰他，有些劝慰他的人还会被他用一句“你又不是我，你知道什么”给堵回来。别人善意的意见他也不愿意坦然接纳，遇到不懂的地方他会装作自己很懂的样子，但那只是他不想在别人面前露怯而撒谎。同事们在和他交往了一段时间之后，纷纷疏远了他。

关于自卑的情绪，法国作家安德烈·莫洛亚说过这样的话：“男人，女人，甚至最骄傲的人都有某种‘自卑感’。漂亮的人怀疑自己的智慧，强有力的人怀疑自己的魅力。”自卑的确是困扰着很多人的难题，也是很多心理问题产生的根源。

自卑是一种不能自助的、软弱的情绪，自卑的人不能正视自己，并且轻视自己，认为自己的成长环境、能力以及天赋等都不如别人。在心理学上，自卑特指由于与某种标准或者刺激源进行比较，并产生了差距，导致情绪低落、自怨自艾、悲伤等消极情绪的心理状态。一般来说，标准有颜值、身高、身材、考试分数、财产收入等。比如，考试分数及格线为 60 分，如果我们的分数没有达到这个标准，我们就会产生自卑的情绪。

刺激源则指的是一些非标准的、比自己优秀的参考对象，如别人家的孩子、成绩优异的同桌、收入优渥的朋友等。当我们得知这些参考对象有多么优秀的时候，我们会下意识地将其与自己进行比较，一比较就产生了较大的落差，这样一来我们就会产生一种惭愧、羞耻和悲伤的负面情绪。简而言之就是拿自己的短处去跟其他人的长处相比，如和电影明星比漂亮，和健美达人比身材，和科学家比智商，和世界首富比财富，等等。这样的比较结果显而易见，就会带来自卑。

奥地利心理学家阿德勒认为，人在儿童时期就已经产生了自卑的情绪，他指出：“一切人在开始生活的时候，都具有自卑感，因为儿童的生存要完全依赖成年人。儿童与那些所依赖的强壮的成年人相比会感到极其无能。这种虚弱、无能、自卑的情感激起儿童追求力量的强烈愿望，从而克服自卑感。”孩子在年少时期都曾有过这样的想法：“我要是和爸爸一样强壮就好了。”这种羡慕的背后其实也隐藏着自卑的情绪，孩子渴望变强，看不上当时那个柔弱的自己，自然也难以发现自身的优点。

自大则是过高地估计自己，觉得自己高他人一等，谁也看不起，眼里只有自己的优点，却看不到自己的缺点，甚至在别人提出友善的建议时恼羞成怒。有的时候，自大和自卑这两种情绪又交替出现，让我们的情绪剧烈波动又异常低落。

日本作家村上春树的一句话贴切地道出了人的自卑与自大：“少年时代的我始终为此有些自卑，觉得在这个世界上自己可谓特殊存在，别人理直气壮地拥有的东西自己却没有。”很多人都有这样的体会，有时候会觉得自己一无是处，什么都比不上别人，而有的时候却异常自负，看不起周围的人，感觉其他人都比不上自己，这看似很矛盾，实则不然。

荷兰哲学家斯宾诺莎说过：“自卑虽是与骄傲相反，但实际却与骄傲最为接近，最大的骄傲与最大的自卑都表示心灵的最软弱无力。”也就是说，自卑和自大其实是一回事儿，两者往往相伴而生，只不过表现的方式不同而已。

一个人之所以自大，不是因为他相信自己比任何人都强，而是因为他内心真实存在的、无法忽视的自卑感，这是更深层次的自卑。有时候甚至自大者本人都难以察觉，但为了掩饰自己的这种自卑，他会表现得非常自大，好像自己没什么做不到的事情，也不会有自卑那种情绪。因为怕被别人看不起和拒绝，所以他会率先拒绝其他人，而对于自己缺少的东西加以伪装，大肆炫耀。

【情景回放】

赵琳是一个不太招人喜欢的姑娘，她看上去热情和蔼，但只要和她交谈过的人几乎都对她敬而远之，因为无论别人谈论的话题是什么，她总能弄出浓郁的攀比风。比如，一个女生说：“过生日的时候，闺蜜送给我一面铜镜，带一把配套小梳子，看上去有点像古代人用的那种。”别的女生可能会好奇想要看一看那面镜子，赵琳则会说：“你这算什么，我同学从俄罗斯给我带了一面进口的镜子，上面的娃娃还自带眨眼效果，国内有钱都买不到。”结果周末逛街时，其他女生就在两元店里看到了那据说“有钱都买不到”的娃娃眨眼镜子。

不论别人说什么，赵琳都是“你这有什么，你是不知道我……”地满口乱吹，总要把话题引到她与别人相比较而产生的优越性上才算完，享受别人将她当作话题中心的感觉。其实，这正是她自卑的表现。

由于青春期时父母经常在外工作，赵琳长期缺乏家人的关心和照顾，父母的严重忽略导致她缺失安全感并产生严重的自卑情绪。正是为了弥补这种被人忽略的缺憾，她努力将自己变为话题中心，从别人的关注中获得安慰，以弥补自己曾经的心灵创伤。但这并不是解决问题的办法，盲目的自大不仅让她周围的朋友离她而去，也让她自我感觉良好的错误判断消失无踪，以至于她再度陷入新一轮的自卑中无法自拔。只有正视自己的长处和短处，勇敢面对自己身上的弱点，才能够真正避免自卑和自大情绪的恶性循环。

自卑的情绪不仅会导致我们的人际关系恶化，还会让我们无法正视自己的优点和长处，长期处于自我否定和厌恶、排斥其他事物的状态中，妨碍我们正常的工作、学习和人际交往，导致我们对生活失去希望，消极度日，悲观厌世，严重的甚至会让人出现轻生的念头和轻生的行为，不利于我们自身的进步和发展。但自卑情绪也并非全无益处，至少它能够让我们认识到自身的缺点和不足，为我们弥补自己的不足提供强有力的推进作用。

我们该如何克服自卑情绪呢？第一，要正确地认识自己，正视自己的优缺点，不过分骄傲，也不妄自菲薄，更多地去发现自己的长处，树立自信心。在遭遇挫折的时候，我们要做到正确归因，而不是简单地认为自己就是不行，比不上他人，要给自己积极的心理暗示，增强自己战胜挫折的信心。在找到失败的原因之后，我们要重新制订解决问题的方案，不断地进行尝试，而不是因为一次失败就从此放开手。在成功之后我们也要给自己适当的鼓励，增强自己的自信心。

第二，要少做不切实际的比较。俗话说“人比人，气死人”，生活中我们免不了会和别人做对比，但在做对比的时候，我们要选择有可比性的参照对象做对比，而不是找与自己差距过大的人做对比，更不能拿自己的短处去和他人的长处做对比，否则只会得到失望和受伤的结果。

7. 举杯邀明月——消极情绪之孤独

关于孤独，中国现代著名文学家林语堂曾说过这样一段话：“孤独这两个字拆开来看，有孩童，有瓜果，有小犬，有蝴蝶，足以撑起一个盛夏傍晚间的巷子口，人情味十足。稚儿擎瓜柳棚下，细犬逐蝶窄巷中，人间繁华多笑语，惟我空余两鬓风。——孩童水果猫狗飞蝶当然热闹，可都和你无关，这就叫孤独。”孤独对我们来说并不是一种陌生的情绪，日常生活中我们常常能够体会到孤独感。

【情景回放】

小凌早上出门的时候不小心把杯子打翻在地，杯子里的水溅出来，在地板上留下一摊水迹，但小凌着急去上班，没有来得及把杯子捡起来。忙碌了一天，疲惫不堪的小凌终于在华灯初上的时候提着路边买的简餐回到家里。小凌抬起头看到整栋楼都灯火通明，空气中飘来浓郁的饭菜香味，只有她住的那间屋子一片漆黑。她拿出钥匙打开家门，开灯的那一瞬间看到早上打翻的那个杯子依旧孤零零地倒在地上，她突然感到无比的孤独。

唐瑾是一个大龄单身女青年，她的父母为了她的婚姻操碎了心，托亲朋好友为她寻觅了很多适龄的男性朋友，但每次相亲结果都不是很理想。又一次相亲失败后，她的父母忍不住问她：“你挑挑拣拣这么久，到底想要找什么样的人啊？”唐瑾说：“我也不是非要找条件特别好的，就是至少要有能聊得来的话题，我说个笑话，他能明白我什么意思，而不是一脸茫然地看着我，就我一个人在那儿傻乐。想想我要是真和一个没有共同话题的人过一辈子，那该多孤独、多可怜啊！”

张也国庆节想要出去旅行，但又不想一个人玩，就打算和自己的几个好哥们儿联系一下。但想到这些哥们儿已经陆陆续续结了婚，也都有了孩子，他不确定自己能不能找到同伴，忐忑着打电话联系了一圈，结果恰如他所预料的，这些哥们儿不是要和老婆孩子一块儿出去玩，就是要陪老婆回老家。张也顿时有些灰心丧气，放弃了找人陪的念头，自己查了旅行攻略，就带好行李出发了。

张也一个人在陌生城市的酒吧看了场心仪已久的演出，一个人看了景区正当时的美景，一个人享用当地有名的美食。面对好吃的、好玩的，当想要分享时，张也却发现身边都是陌生人，也不知道该分享给谁，只好在手机“朋友圈”上传了旅行照片。一个朋友评论道：“这么多张照片，怎么每一张都看不见你人影？”张也翻了翻相册，里边三四百张照片全部是风景照，旅途中连个给他拍照的人都没有，他自己也没心情自拍。每次看到成群结队的旅行者嘻嘻哈哈地从自己身边走过，他都会感到一种难言的孤独。

孤独是指一个人只身独处、孤单寂寞、孤立无助的状态。关于孤独的成语有很多，如孤掌难鸣、孤芳自赏、孤苦伶仃、孤家寡人、孤苦无依、孤立无援等。在古代，皇帝曾经用“孤”自称，因为皇帝所处的地位之高是其他人难以企及的。但高处不胜寒，既然没有人能达到皇帝的高度，也就没有人能够理解皇帝心中的孤独和寂寞，所以历代皇帝都认为自己是孤家寡人。

古代的文人墨客们表达孤独情绪的诗句更是数不胜数：大诗人李白有“举杯邀明月，对影成三人”的孤独；杜甫有“亲朋无一字，老病有孤舟”的孤独；王维有“独在异乡为异客，每逢佳节倍思亲”的孤独。这种孤独的情绪无法排遣，诗人就将它写了下来，直到今天，很多孤独的人还能在这些流传下来的千古名句中找到情感的共鸣。

那么我们不由得会产生疑问，人为什么会感到孤独？孤独的情绪又是怎样产生的呢?

从心理学的角度来说，人类从原始社会以来就是群居动物，对群体有着强烈的依赖感和归属感，只有在群体之中才能觉得安全和温暖。即便到了现代社会也是如此，绝大多数人都喜欢和他人待在一起，做什么事情也总希望能够有人陪着。

比如，在学生时代，无论男生女生，做事情时总喜欢有人陪伴：去校园的小卖部买东西的时候会在班里问一下有没有人一起去；去厕所的时候女生会拉着关系较好的朋友一块儿去；男生会叫上兄弟一起去打篮球；学校举办晚会的时候，勇气不足的学生会央求好朋友和自己一起上台表演节目；女生外出逛街的时候也总要有人同行。

这些都是人们内心习惯抱团取暖、不习惯独来独往的缘故。而一个人一旦被集体排斥的时候，他的内心就会生出极大的恐慌，像是失群的孤雁，没有可依赖的集体，也就没有安全感和归属感，进而产生悲伤、失落、恐惧和孤独的情绪。

通常情况下，人们认为老年人会更加孤独，因为他们的儿女逐渐长大，离开他们成立了自己的小家庭。而年轻人则很少感到孤独，因为他们要忙于工作、恋爱和维持人际关系，闲暇时网络上还有各种各样的游戏和视频让他们消磨过剩的精力，现实生活中也有着各种聚餐、派对、演出、旅行等娱乐项目让他们充实自己的生活。其实，当今很多年轻人产生孤独情绪的频率远远高于老年人。

英国的精神健康基金会曾经做过一项关于孤独情绪的调查，调查的结果显示，现代社会感觉孤独的年轻人所占的比例远远高于老年人。其中十八岁到三十四岁的人，感到孤独的比例最高。

科技的进步与发展让人们的生活变得更加便利，各种智能产品和交友软件看似将人与人之间的距离拉得很近，实则却在人与人之间竖起了一道难以逾越的屏障。年轻人作为各种智能产品的长期使用者，能最先感受到科技带来的便捷，以前需要面对面交谈的事情，现在一条语音、一条短信就可以做到，朋友之间的交往也从你来我往的面对面交谈变成了“朋友圈”动态的相互点赞。但离开网络回归到现实生活中，很多人仍然是孤身一人，待在自己的小天地里，过着或艰难或乏味的生活。尝试过网络上的精彩纷呈和热闹，再回归到现实生活中，体会到的更多的便是单调、平庸、空虚和无聊，两相对比之下就形成了强烈的落差，此时孤独感也油然而生了。

社会学家罗伯特·S. 韦斯经过观察和分析发现，人的六种社会性需求在没有得到满足的时候就会产生孤独的感觉。这六种社会性需求分别是：依恋、社会融合、教育、价值保证、可靠的同盟感以及在压力环境下得到的帮助。

依恋是根据英国精神病学家约翰·鲍尔比的依恋理论提出的。很多孩子在小的时候除了妈妈、奶奶及其他经常抱着他的人，基本上不愿意被其他人抱，这是因为他们对以母亲为主的家人产生了依恋，认为只有在母亲身边才是安全的，和母亲待在一块儿的时候他们才敢对周边的环境进行探索。如果被带到一个全然陌生的环境中，他们一般不愿意离开母亲身旁，而当母亲要离开的时候，他们也会表现出焦虑的情绪，甚至大哭大闹，不愿意和母亲分离。这便是依恋。

长大之后，虽然大部分人不像幼儿时期那样依恋母亲，但这种依恋心理并没有消失，而是转移到了其他人身上，如我们身边朝夕相伴的好友、亲密无间的恋人等。一旦我们所依恋的对象和我们分离，我们的内心就会产生一种苦闷、惆怅、悲伤、孤独的消极情绪。

社会融合其实就是指我们在进入一个新的环境时，与这个环境以及环境中的人相处的状况。有的人情商高，人际交往方面如鱼得水，擅长融入新环境，很快就能和其他人打成一片；有的人却不善此道，会因为不适应新环境而减少社交行为，不愿意接纳新朋友，他们往往在日常生活中也少有人陪伴，心情烦闷的时候也缺少别人的劝慰，孤独的情绪便会越积越多，而当他们被其他人排斥或针对的时候，他们的内心会更加委屈和愤怒，这种委屈和愤怒因无从排解，他们又无力改变现状，便只会更加孤独。

除此之外，自身所接受的教育，也会影响人们对于孤独感的体验。网络上曾经流传这样一则笑话：

一个记者去贫困山区采访一个衣衫褴褛的放羊娃，记者问孩子：“你为什么要放羊啊？”

孩子有些羞赧地说：“为了挣钱娶媳妇儿。”

记者接着问：“为什么想要娶媳妇儿呢？”

孩子说：“当然是为了生娃娃呀！”

记者问他：“那将来生了娃娃，让娃娃做什么呢？”

孩子一副理所当然的样子说道：“放羊啊！”

笑话的背后反映出的正是教育缺乏的可悲，当我们学了更多的文化知识之后，起码能够知道在这个世界上，我们还有着更多的选择，我们还可以让生命活出不一样的风采。

但是，如同有人笑称的那样，“无知也是一种幸福”，有时候，你知道得越多，思考得越多，烦心事也会越多。俗话说“人生识字孤独始”，当我们接受教育、学习了科学知识之后，我们的思想会变得比目不识丁的时候要复杂，考虑的问题也会变多。

叔本华说过：“孤独向来是精神卓越者的命运。”这也就代表着眼界开阔、思想活跃的同时，我们会面临曲高和寡的状况，会因为学习了更多的知识，有了更深的感悟而感受到更深层的孤独。

人是需要不断被肯定的，当我们完成一件事情，得到他人的肯定和鼓励的时候，我们的自信心就会增强，我们战胜困难的勇气也会因此增加。但是如果我们一直处于被否定的状态，得不到他人的认可，找不到自己存在的价值，我们就会因此而产生痛苦和孤独的情绪。

可靠的同盟感任何时候都是必需的。网络上曾有这样一句流行语：“不怕神一样的对手，就怕猪一样的队友。”其实遇见“猪队友”倒不会让我们产生孤独的情绪，孤军奋战、孤立无援的状况才会让我们陷入孤独中，因为这个时候我们可以说是在以微弱之力对抗“全世界”，在不被人理解和支持的情况下，我们的孤独情绪自然会不断累积。

我们在遇到困难的时候，最希望的事情，无疑就是能有好心人伸出援手，帮我们一把。但如果所有人对于我们所遭受的苦难都冷眼旁观、无动于衷，甚至冷漠地拒绝了我们的求助，这时候我们就会感到前所未有的无助和孤独。

关于孤独产生的原因，除罗伯特・S. 韦斯的这六种社会性需求没有得到满足之外，还有其他几种情况。

1. 无法与他人保持适当的距离

任何一段关系都是由疏远到亲近、由陌生到熟悉的，有的人性格开朗活泼，有的人却是典型的慢热。我们和不同性格的人交往的时候需要注意交往的进度和方式。有些人之所以很难经营好自己的人际关系，就是因为没有把握好彼此之间的距离和交往的分寸，对泛泛之交推心置腹，对多年相伴的好友却设下重重心防，不能够和其他人建立良性的相互信赖的关系，所以他们才会产生孤独的情绪。

2. 情感的缺乏和过度

由于父母不关心孩子，或者不懂得如何合理地表达自己对孩子的爱，导致孩子没能够在成长的过程中构建出独立的“自我”，致使他们情感缺乏、不自信、随时需要别人的夸奖和肯定，所以他们才会经常感到自己不被任何人喜欢，缺乏安全感，容易产生孤独情绪。也有的家长溺爱孩子，不管孩子要什么都无条件地满足，导致孩子习惯向别人索求，而不习惯回报或者付出。而且这种索求也不是适度的，在孩子的潜意识中，他们已经认定别人对他们的关心、疼爱和帮助是理所当然的，他们不会因为麻烦了别人而感到抱歉，也不会因为别人无私的帮助而感激。当付出得不到回报，甚至连一句感谢的话语都换不来的时候，人们会自觉地拒绝和远离索求者，这个时候，索求者便会感到孤独。

3. 自恋过度

自恋过度，或者说自负的人在遭遇困难和挫折的时候，从来不会在自己身上找原因。他们总是认为，自己之所以会失败，是因为其他人没有尽心尽力，自己永远都是正确的。这样的人很难被其他人喜欢和理解，所以他们也容易产生孤独的情绪。

孤独本身虽然不是一种疾病，但是它会引发其他心理和生理疾病，影响我们的身心健康。圣埃克苏佩里在《小王子》中写道："爱是战胜孤独的最好的利器。"作家周国平也说过："孤独是人的宿命，爱和友谊不能把它根除，但可以将它抚慰。"所以当我们感到孤独的时候，也许就是我们该和身边的朋友联络感情的时候了，我们需要亲人和朋友的陪伴，需要将孤独的情绪分享给愿意聆听的人，更需要给自己的心灵之舟寻找一个可以停泊和依靠的港湾。当我们对他人敞开心扉的时候，我们会从他人的关心和理解中得到抚慰，乐观的情绪终归会打败孤独，能让我们以积极的姿态重新踏上人生的旅途。

8. 精神上的瘫痪——消极情绪之消沉

【情景回放】

小刘最近和自己的女朋友分手了，做什么事情都是无精打采的。几个人出去聚餐，每次他都一个人坐在角落里，埋头喝酒吃菜，什么也不说，平时的活宝突然变成了个闷葫芦，朋友们都很担心他。和他关系最好的赵恒劝他说：“刘儿啊，分就分了呗，这么老放在心里也不合适啊！天涯何处无芳草，大不了我们再给你介绍一个对象，还不行吗？你老这么消沉，我们这心里也不好受啊。”

大张附和道：“对呀，分个手算什么。前两天我那职业资格证考试成绩下来了，还是不过线，你看我从毕业考到现在，考了多少回了都没过，我不也挺乐观的嘛！这不，老赵刚在公司被老板劈头盖脸训了一顿，垂头丧气了一整天，晚上好不容易出来聚聚，还是乐呵呵的好。说到底，咱们遭遇的痛苦是一样的，我的考试成绩被阅卷老师否定了，老赵的工作成果被他的老板否定了，你是一腔深情被你的前女友否定了。这感情上的挫折啊，你就不能太在意，喝点酒，睡一觉，把她忘了，就什么烦恼都没了。”

小刘闷了一口酒说道：“不一样的，她和我分手不仅是否定我的感情，她还否定了我的全部。我外貌条件又不差、性格也好、工作稳定、定时健身、注意个人卫生、家庭关系良好，可这些优点在她眼里全都不值一提，我努力让自己变得优秀，可又有什么用呢？”说完小刘又闷头喝起了酒，朋友们你看看我，我看看你，谁也说不出劝慰的话了。

消沉是一种负面情绪，通常是指人在遭受重大挫折或打击的时候出现的一种情绪低落、精神萎靡不振、颓废沮丧、心灰意冷的消极悲观的状态。一般来说，人在生活不顺心的时候最容易出现消沉的情绪。生活中，容易出现消沉状态的情况分为以下几种。

1. 盲目的、不切实际的目标没有实现

成绩中等的高中生给自己设定重点大学的目标，在备考过程中非常吃力，最终离自己的目标还差好大一截，导致情绪低落、消沉萎靡，做什么事情都提不起精神。很明显，这就是因为预定的目标脱离了现实，没有准确地估计自己的能力，也没能找到正确方法付出努力，更没有考虑到现实生活中的变数和复杂性。当我们不能够根据现实的状况随机调整自己的目标和努力程度时，往往会让自己的希望落空，并从失败的经历中滋生出消沉、低落的负面情绪。

2. 意志薄弱，经不起挫折和打击

什么样的人最容易消沉呢？很明显就是意志力薄弱、心理承受能力差的人。这种人的生活如果一帆风顺还好，但只要受到一点点小挫折，就会垂头丧气、怨天尤人，觉得整个世界都在和他们作对，甚至抱怨社会的各种不公，觉得自己的一生都是个悲剧，做什么事情都不顺利，整天沉浸在自己的失败中无法自拔，对于做其他事情也没有了信心和尝试的动力。

3. 被错误的世界观、价值观影响

一些青少年由于看了有着错误价值观和世界观的作品或者受到三观扭曲的人的影响，也会导致自己的个人情绪出现消沉和低落，认为自己已经看透了人生的假象，所谓梦想、前途不过如此，从而丧失了自己的信念与抱负，整日不思进取，最终选择以颓废、沮丧的态度浑浑噩噩度日。

4. 遭受重大挫折和打击

消沉的情绪往往出现在我们遭遇挫折的时候。当我们的人生遭遇了重大的打击，如亲人离世、高考落榜、家财散尽、从权力的巅峰跌落等，我们就会产生消沉的情绪。面对这些挫折，有的人能够很快地调整自身的状态，以全新的面貌面对生活；有的人在遭受打击之后则会变得一蹶不振，很难鼓起勇气重新开始，以悲观、消极的态度对待自己的学习、工作和生活。

常言道：“世上不如意之事十之八九。”在人生的旅途中，我们难免会遇到多种多样的挫折和烦恼，备受打击之余，我们的情绪自然会低落、消沉。这些负面情绪不仅会打击我们对生活的热情，还会降低我们工作和学习的效率，甚至会影响我们与他人之间的人际交往，造成人际关系紧张的局面。那么我们应该如何摆脱消沉的情绪，重新做一个积极乐观的人呢？

首先需要做的就是控制自己的情绪，做情绪的主人。在被消沉情绪包围的时候，我们需要对自己的情绪和心理状态有一个正确的认识，明白自己的处境，理解自己因为情绪消沉而做出的某些反常行为，不要因为自己出格的行为举止而过分内疚，并坚信自己迟早会有拨云见日的那一刻。

接下来要做的就是控制好自己的消沉情绪，不要让它继续蔓延下去，以免损害我们的精神和身体健康。我们不能沉溺在消沉的情绪中不做反抗。亨・哈・埃利斯说过：“自甘堕落的人总认为自己是最不可救药的瘫痪者，因而总是赖着不起来。”我们可以适当地为自己制订一个并不难达成的新目标，并朝着这个新目标不断努力，相信实现目标的喜悦能够冲淡自己低落、消沉的负面情绪，不能够把消沉的情绪当作自己不努力奋斗的借口。

我们也可以做一些能够让自己开心起来的事情，对于那些明显会给我们添堵的或者我们不愿意做的事情，可以暂时先避开。将自己的注意力转移到轻松的事情上，消沉的情绪也会有所减少。我们还可以将令自己消沉的事情倾诉给好友，从他们那里获得安慰和一些理性的建议，这样也能够让我们的压力得到适当的缓解。

闲暇时，我们还可以多晒晒太阳，让明媚、温暖的阳光驱散内心的阴霾，这有助于我们调整自己的心情。此外，多读书、多思考、多锻炼、多参与社交活动、培养自己的兴趣以及外出旅行等事情也能够为我们的情绪调节带来极大的帮助，当我们的生活变得丰富多彩的时候，谁还有时间去消沉呢？

9. 哭吧，不是罪——消极情绪之悲伤

【情景回放】

江婷在得知自己丈夫出车祸的那一刻，觉得天都要塌下来了。她急忙赶到医院的急救室门前，不断地祈祷着上天能够保佑她的丈夫活下来，随后，年迈的公公婆婆也赶到了医院。几个人煎熬了几个小时之后，急救室紧闭的门突然打开了，医生从里面走出来，遗憾地对她摇了摇头。她知道上天没有听到她的祈祷，奇迹并没有发生。她的生活支柱崩塌了，她绝望得恨不得当场随丈夫而去，但是想想正在幼儿园上课的儿子，看着因为听到丈夫的噩耗而当场昏过去的公公和哭得几乎背过气去的婆婆，江婷无暇悲伤，连忙和护士一起把公公送去就诊。丈夫已经走了，儿子和两位年迈的老人必须有人照顾，她必须得坚强起来，顶替丈夫，做这个家的新支柱。

在警方的协调下，她平静地跟肇事司机谈妥了赔偿金额，一边将两位老人接到家里来照顾，一边处理丈夫的丧事，但她实在抽不出闲暇去接自己的儿子放学。得知消息的江婷的母亲早早赶了过来，帮着她操持家务，照顾外孙。江婷的母亲看到女儿从女婿出事后就一直表现得非常坚强，不曾掉过眼泪，心里隐隐有些担忧。女儿和女婿有多相爱她是知道的，连她接到女婿去世的消息都难以接受，何况是女儿呢？直到处理完丈夫的丧事，送走了所有前来慰问的亲朋好友，看到母亲关切的、欲言又止的眼神时，江婷才忍不住扑到母亲怀里哭了起来。

江婷的母亲这才算放下心来，女儿将悲伤的情绪憋在心里不发泄出来，她总担心女儿会想不开，现在哭出来还能好一点儿，毕竟擦干了眼泪，生活

还是要继续下去的。

悲伤是一种几乎人人都曾感受过的复杂情绪，悲伤的情绪中往往还包含着失望、沮丧、气馁、孤独、消沉等。悲伤的情绪一般产生于这三种情况：和挚友亲朋分离、自身所遭遇的失败以及失去了对我们来说非常重要的东西。根据悲伤程度的不同，悲伤的心绪还可以细化为难过、悲伤和极度悲痛。

【情景回放】

小美和自己的男朋友分手了。当初自己死缠烂打地追到了心仪的男神，暗恋了整整三年，在一起的时间才不过三个月。小美本以为自己也没有很在乎，但接下来的一个星期里，无论做什么她都提不起精神来。室友叫她出去逛街，她没心情去；老师讲课的内容她也听不进去；出去吃饭她甚至连自己的包都忘在了饭店。

朋友都说小美的情绪肯定出问题了，而小美觉得自己只是头蒙蒙的，有点难过而已，她只是还没有从分手的打击中走出来，想着用平时吃零食减压的办法就能解决了。但是她没想到，无往不利的零食减压法此时完全不奏效，出去旅行也没能让她从悲伤的情绪中走出来，直到有一天弟弟给她发来了视频邀请，听着弟弟关切的话语，小美忍不住放声大哭。神奇的是，哭完之后她就好多了，慢慢又恢复了往日的神采。

人在悲伤的时候常常会哭泣，这是因为悲伤时的眼泪可以排毒。无论男性还是女性在痛快淋漓地哭过一场之后，都会感觉心情好了很多，好像压在心头的巨石突然被搬走了，精神状态会很放松，健康状况也会有所改善。

原来，人在情绪压抑的时候，会产生一些对自己身体有害的物质，临床医学研究证明：长久压抑情绪，会影响身体的健康，并导致身体患上某些疾病；而喜欢用哭泣发泄情绪的人，哭过之后压抑的情绪会有明显的缓解。所以有人猜测，女性之所以平均寿命比男性长，也许就是因为女性更懂得用眼泪来发泄自己的情绪，而男性则秉承着“男儿有泪不轻弹”的理念，将自己悲伤的情绪一股脑儿地压在心底，很少发泄出来。

当我们将悲伤的情绪通过哭泣发泄出来的时候，我们紧绷的神经会得到一定的放松，心理压力也会适当得以缓解，所以说哭泣可算是一种有效的减压方式和心理保护措施了。当然，过度或过于持久的悲伤情绪就难以只通过哭泣来排解了，这种情绪对我们的身心健康来说也是绝对的有害无益。过度的悲伤容易致人晕厥，引发各种心脑血管疾病；而对我们的心理状态来说，持久的悲伤会让我们的心情长期处于无助、失望、孤独中，容易让人患上抑郁症。

总之，在感到悲伤的时候不妨大哭一场，将内心所有的压抑、委屈、无助等全部发泄出来，哭过之后，我们的情绪状态会发生明显的转变。当然，我们也可以把我们的情绪向朋友或者家人倾诉，也许他们能够为我们提出宝贵的意见，如果没有，那么至少我们还能收获贴心的安慰，这总能够让我们的心情好一点。

如果在亲朋好友面前羞于启齿，我们也可以把自己的情绪写进日记本里，写出来和说出来有时候能起到相同的作用。我们还可以找点能够让我们轻松起来的事情做，比如看一场喜剧电影，吃一顿梦想已久的大餐，去游乐场痛痛快快玩一圈，或者让自己沉溺在书籍的世界里努力汲取知识。这些方法都能够帮助我们尽快走出悲伤的情绪，让笑容重新回到我们的脸上。

10. 曾有一份真情——消极情绪之后悔

【情景回放】

张勇正在宿舍里玩手机，突然听到室友王博大喊一声：“啊！气死啦！”他立刻和室友们一起围了上去，问道：“怎么了？叫得这么凄惨。”王博痛心地指着电脑屏幕说道：“前两天这个新游戏刚上架，我以为优惠时间还有很长，就先买了其他游戏，结果刚才看到它竟然涨价了，整整涨了三倍！坑死人了！我现在恨不得坐上时光机回到三天前，狠狠抡自己一耳光！为什么那天不买？为什么？为什么？我好后悔啊！”

与此同时，对面楼的冯青正扑到闺蜜的怀里打滚求安慰。她看上一件连衣裙很久了，裙子吊牌上高昂的价格让她再三犹豫，可对于那条连衣裙的喜欢同样让她割舍不下。她和闺蜜去看了三四次，每看一次，想买那条裙子的欲望就会增加几分，就好像那条裙子对她来说有着致命的诱惑一般。就在她终于下定决心要去把裙子买下来的时候，却被店员告知那条裙子已经被人买走了！冯青的肠子都悔青了，一个劲儿地问闺蜜：“怎么办，我心爱的裙子被人买走了，怎么办？我难受死了。上次和你一起逛街时我钱都带够了，为什么没有买下来呢？我好后悔啊！”

高考结束后，一位考生刚走出教室就捂着脸大哭起来，他一边哭一边说道：“完了，后边有好几道大题我都没有做出来，这次肯定考砸了，真恨我自己，为什么当初老师讲的时候我没有认真听呢？”

邱恒骑着摩托车去车站接远房亲戚。深秋的天气，他骑着摩托车在路上跑，风跟刀子似的往身上割。邱恒狠狠地打了一个喷嚏，他一边降低车速一边裹紧了自己单薄的外套。他现在有些后悔了，出门的时候奶奶给他拿了一件厚厚的大衣，他觉得太夸张就死活不愿意穿，结果现在冻得不行。为什么刚才没听奶奶的话呢？这都走到半路了，他实在不想再拐回去，这次肯定要感冒了。

后悔这种情绪相信每个人都不陌生，那什么是后悔？后悔是指我们在做了某件事情之后，对于现状非常不满而产生的一种悔恨的心理，认为自己如果当初做了别的选择和判断，也许面临的状况要比当前的状况更令人满意。但时光不可逆转，已经发生过的事情也无法更改，我们因此感到悔恨和埋怨自己，这就是后悔。

每个人多多少少都体会过后悔的情绪，当我们后悔的时候，我们总希望这个世界上有后悔药可以吃，希望拥有漫画书中哆啦 A 梦的时光机或是影视作品中能够重返过去的月光宝盒。

关于后悔，最经典的例子就是周星驰在《大话西游》中说的那段台词：“曾经有一份真挚的感情摆在我面前，但我没有珍惜，等到失去了我才后悔莫及，人世间最痛苦的事莫过于此。如果上天可以给我再来一次的机会，我会对那女孩子说三个字‘我爱你’。如果非要在这份爱上加一个期限，我希望是一万年！”

我们没有可以回溯时光的法宝，没有穿越时空的能力，对于已经发生的、既定的事实，我们也没有办法去更改。除了悔恨和怨恨自己，我们竟然没有别的事情可以做，这就是为什么在所有的负面情绪中，后悔被称为“负能量之最”。

后悔除了耗费我们的精力，让我们的情绪低落、无限懊悔，还会导致我们沉溺在愧疚、沮丧的负面情绪中无法自拔，对改变现状毫无助益。印度诗人泰戈尔说过：“当你为错过太阳而流泪，那你也要错过群星了。”所以，当我们感受到后悔的时候，我们要做的不是一味地自责和埋怨自己，而是要打起精神来，尽自己最大的努力去弥补损失，这样才能够让现状不再进一步恶化下去，才能让我们从后悔中吸取教训，避免再度做出令自己后悔的行为。

11. 真是太难为情了——消极情绪之尴尬

喜欢看《欢乐喜剧人》的观众对于相声小品演员潘斌龙应该并不陌生，他有一句非常经典的台词是："好尴尬啊。"尴尬，表示个人处于一种无法摆脱的两难境地，内心感到窘迫、难堪，面部表情也非常不自然的一种情况。人在尴尬的时候，在生理上表现为脸色发红、额头冒汗、手心出汗、口干舌燥等。

【情景回放】

琳琳的室友阿玲想要做个新发型，可她不想自己去，便来找琳琳陪她一块儿去做头发，可是琳琳觉得等别人做头发实在是太无聊了，她不想把自己的时间浪费在这种事情上，便说："我今天要在家里洗衣服、收拾房间，一大堆家务等着做，恐怕没什么时间陪你。"阿玲说道："做家务哪里需要花费一整天的时间啊，一个上午就能做完了，你可以下午陪我一块儿去啊！"琳琳说："下午我跟赵彤约好了去找同学聚餐。"

阿玲听完后半信半疑地走出了房间，结果刚好遇见进门的赵彤，阿玲问她："赵彤，你跟琳琳约了下午要去找同学聚餐吗？"琳琳连忙给赵彤打手势、使眼色，可赵彤刚注意到她的小动作，话就已经脱口而出了："同学？什么同学？要聚餐吗？我怎么不知道？"阿玲回过头瞪了琳琳一眼，琳琳见自己的谎言被拆穿了，一下子脸色通红，也不愿再解释什么，有些羞愧地躲开了阿玲的眼神。

阿玲对赵彤说："既然没有聚餐，那你下午陪我去做头发吧！"这时赵彤才明白过来，于是夸张地做出一副刚想起了什么似的表情，说：“哦，聚餐啊！我都给忘了，是要聚餐来着。我下午就不陪你一起去了啊！”阿玲说道：“装，你再接着装！”赵彤眼看自己也糊弄不过去了，歉疚地对阿玲笑了笑。阿玲没理她，气呼呼地走了出去。

晶晶和几个朋友出去聚餐，朋友们的家境都很不错，各自找的工作也都有着丰厚的薪资。晶晶不想在朋友们面前丢面子，就穿了一条自己买的高仿名牌的裙子，把自己打扮得漂漂亮亮出门了，结果其中一个朋友竟然跟她撞衫了。不过“撞衫不可怕，谁丑谁尴尬”，晶晶自己生得漂亮，身材好，即便高仿的裙子穿在她身上也很显气质；而跟她撞衫的罗晴则有些撑不起来身上的裙子了，两个人一对比，罗晴的脸上就有些挂不住了。

罗晴自己心里不痛快，也不想让晶晶好过，在想到身上的裙子价格昂贵的时候，她忽然心生一计，拉着晶晶的手故作亲密地说：“咱们俩的眼光可真是一样好，这裙子刚出来我就想要买了，等了好久才买到，你是在哪个商场买的？”晶晶被她一问，显得有些紧张，说道：“就商贸中心的商场里买的。”罗晴听她这么说，就知道她的裙子不是正版，心里顿时舒爽多了。

罗晴轻蔑地笑着，放开晶晶的手，端起了桌上的咖啡，抿了一口说道：“是吗？可是那个商场没有这牌子的专柜啊？这牌子的专柜开在新区的商场，在本市只此一家，你不会是被人骗了吧！”其他人也都看向晶晶，晶晶顿时脸红得像是要烧起来，她紧张地攥紧了自己的手心，不知道该怎么把裙子是高仿的事实给说出口。

当我们撒谎被他人当场拆穿的时候，或是自以为不想让他人看见的东西被意外暴露出来的时候，就会产生一种无所适从、紧张、局促、难堪的情绪，恨不得找个地缝钻进去，这就是尴尬。有的人还会因为尴尬而逃避社交行为，不敢与其他人交往，生怕自己出错，受到他人的嘲笑。其实，我们大可不必如此。心理学家经过研究发现，容易尴尬的人，反而会受到更多人的欢迎，这是因为人们普遍认为容易尴尬的人会更让人感到亲切和值得信任。

当然，很多人在体会到尴尬情绪的时候还是会非常紧张和不适的，更多的时候会使用沉默来化解尴尬。但等待尴尬情绪消失的过程总是漫长而令人备感煎熬的，那么我们该如何快速地调节尴尬情绪呢？

【情景回放】

小王和同事们在KTV唱歌，一个女同事唱歌的时候声音有点低，话筒也有些问题，加上包间里太过吵闹，导致小王误以为当前的歌曲没有人唱，所以他直接点了切歌。可是刚点过以后，女同事就不满地抱怨道："好不容易轮到一首我点的歌，你怎么给我切了呢？"

这就很尴尬了，但小王的反应非常快，脑子一转就想到了化解的方法，他说："原来是你在唱啊，你这唱得也太好了，我都没听出来，还以为是视频里歌星的原声呢！我想着这没人唱，我就给切了，等着，我这就给你重新点上。"女同事被他一番夸奖之后，笑逐颜开，不再计较他切歌的事情，反而跟他的关系密切了起来。

有的人在面临尴尬的场景时能够巧妙地用自己的方式圆场，不仅不得罪人，还能让周围的人为他机智的行为点赞叫好。

一家酒店招收员工的时候问了这样一个问题："如果你进入了女客人的房间，但是刚好遇到女客人在洗澡的情况，你如何摆脱这种尴尬的局面？"有的面试者中规中矩地回答道："我会跟她说'对不起女士，我不是故意的'。"有的面试者则说："我会自己退出去，等到客人穿好衣服后再给客人道歉。"最后酒店经理招聘了其中的一位面试者，因为他的回答是："对不起先生，我不知道您在洗澡，打扰了。"

直言坦白有时候未必能化解尴尬，机智的头脑和灵活的应变能力更能让我们达到目的。所以，当我们处于尴尬的境况时，首先要提醒自己保持冷静，不要因为一时的羞愧而恼羞成怒，让事情变得更加糟糕。因为只有冷静下来，我们才能够调动理智尚存的头脑，帮自己做出准确的分析，并制订出化解尴尬的方案。

当然，我们也可以选择用一个玩笑来化解尴尬，毕竟幽默是人际关系的润滑剂。当大家都被欢笑包围的时候，我们尴尬和无所适从的情绪也能够得到极大的缓解。

钢琴家波奇曾经在美国密歇根州弗林特城进行演出，但是在他走上舞台的那一刻他才发现，观众席里至少有一半的座位没有坐人，这个尴尬的事实无疑严重地打击了他的自信心。但他知道如果放任失望的情绪不管，他接下来的演奏也会受到影响，所以他走到舞台中央，对着为数不多的观众们深深鞠了一躬，然后他说道："看来弗林特真是一个有钱的城市。"

观众们正为他这个结论的来源而感到好奇，波奇就自己揭开了谜底："我看到你们每个人都买了三张票。"波奇话音刚落，观众们就体会到了他话里的幽默，忍不住笑出了声，本来沉默严肃的气氛也变得活跃起来。波奇的心情也因受到感染而变得愉快，然后他走到钢琴前坐下，将美妙的乐曲完美地演奏出来。

除幽默之外，自信的态度也是我们在人际交往中必不可少的条件。当我们以自信的态度坦然面对尴尬情绪的时候，他人就会被我们的自信所吸引，尴尬也会在无形之中被忽略和化解。此外，巧妙地转移话题，也不失为一种化解尴尬情绪的好办法。所以，当我们被尴尬情绪困扰的时候，不必着急、恼怒，而是学着发挥智慧，开动自己的脑筋，想办法把不利的局面转换成对我们有利的局面，这样才能让我们和尴尬的情绪说再见。

12. 我真的不是故意的——消极情绪之内疚

【情景回放】

五岁的龙龙和瑞瑞一起在小区的公园里荡秋千。龙龙帮瑞瑞推了一会儿便觉得心痒痒，他也想做那个荡秋千的人，不想只给别人推，于是龙龙停下来对瑞瑞说："我都帮你推了这么久了，你下来换我玩一会儿吧！"瑞瑞有些不情愿，拉着龙龙的胳膊，撒娇一般央求道："龙龙，你再帮我推一会儿啦，我还没有玩够呢！等我玩够了就换我推你，好不好？"龙龙有些生气地说："不好，我都帮你推了很久了，你老是说没玩够没玩够，什么时候才能轮到我啊？我不跟你玩了。"他说着便甩开了瑞瑞，转身就要离开。

瑞瑞本来坐在秋千上，双脚只有脚尖能够着地，刚刚他还放开秋千的绳索伸手去拉了龙龙，没防备被龙龙一甩，重心不稳，一下子从秋千上摔了下来，膝盖磕在水泥地上，瞬间擦破了皮，瑞瑞又怕又疼，"哇"的一声哭了出来。龙龙见瑞瑞被自己推倒在地也吓坏了，脸色通红，眼泪盈眶，脸上写满了愧疚，他连忙跑回去把瑞瑞扶起来，蹲下去帮他看伤口，小心翼翼地给瑞瑞呼呼，又连声道歉："真对不起，我不是故意的。"

内疚是一种负性的自我意识情绪体验，其种类包括违规内疚和虚拟内疚两种。违规内疚，一般来说是指我们因为自己的某些违规行为导致了某件不太好的事情发生，对某个人造成了心理或者身体上的伤害，或是违反了公认的社会行为道德规范，而产生的惭愧、不安、自责、内疚的情绪。简单来说，违规内疚的产生其实就是因为我们的行为违背了自己的价值观，践踏了自己内在的价值标准，受到了良心和道德上的自我谴责。虚拟内疚是指我们虽然没有做出伤害他人的行为，或者我们做出的行为并没有违反公认的社会行为道德规范，但我们仍旧认为他人所受到的伤害和自己有关，并因此产生了内疚和自责的心理，这种内疚的心理就属于虚拟内疚。

关于内疚，《晋书》中有句经典的传世名言：“我不杀伯仁，伯仁却因我而死。”这句话的本意为：我虽然怨恨伯仁，却没有想杀他的意思；但是因为我的怨恨使伯仁被人杀死，伯仁的死与我有间接的关系，我有负于他啊！

东晋时期，琅琊王氏家族辅佐晋元帝登上皇位，晋元帝十分感激，因此非常信赖王氏一族，尤其是王敦、王导两兄弟。王导为宰，于朝中主持内政；王敦为将，手握兵权在外。王氏势力日益强盛，一时间有了“王与马，共天下”的说法。晋元帝逐渐滋生不满，暗中扶植刘隗、刁协等庶族寒门，疏远王导。王敦以替王导诉冤为借口发动政变，起兵夺权。起兵之时，王氏一族仍在建康城内，王导和家族受到了牵连，刘隗向晋元帝进言要“尽诛王氏”。

王导为了表示自己与王敦划清界限，一大早带着王氏子弟跪在宫殿门口请罪，中途遇见了入宫面圣的周顗（字伯仁）。周顗也出身于名门望族，与王氏一族交好，他为人刚正不阿，做事严谨持正，和王导私交甚笃。王导希望周顗能够在晋元帝面前帮自己说些好话，便小声请求周顗：“伯仁，我全家一百多口人的性命就靠你了。”周顗仿若没有看到乌压压跪倒在地的王氏宗族，没听到王导的请求一般，径直从他的身边经过。

周顗见到晋元帝之后，陈述王氏一族的功绩，并对晋元帝进言说王导是个忠诚的臣子，王氏一族固然权重，却没有不臣之心，不该受到王敦的连累。周顗各种好话几乎说尽了，最后皇帝采纳了他的意见，没有降罪于王氏子弟。君臣谈罢政务，把酒言欢，周顗好酒，在宫里喝到深夜，直到醉了酒才出宫。他出宫时王导一家仍然在宫门跪着，看到周顗出宫后，王导连忙再次请求周顗救他一家性命，结果周顗仍旧没有理他，而是边走边说：“要杀个叛臣贼子，换个大金印带在身上。”

回家之后，周顗担心晋元帝再受刘隗的挑拨，为难王氏一族，便连夜又写了一份奏折呈到晋元帝的御案之上，言辞恳切地为王导一家求情。但王导见周顗自始至终都没有理会自己，便以为周顗在挽救王氏一族的性命上没有给予任何帮助，从此对周顗心生嫌隙，记恨周顗的见死不救。

后来王敦总揽朝纲，和王氏子弟在一起讨论如何对待周顗和戴若思这样的重臣时，王敦问："周顗和戴若思是南北两大才子，应当做三公之类的大官，这没什么可疑虑的吧？"但是王导没有出声。王敦接着问："做不了大官，总还是可以做个尚书令之类的小官吧？"王导还是没有回答。最后王敦说道："如果他们不能为我所用，那就只能杀了他们吧。"王导也没有反驳。王敦知道王导久在朝中，早已清楚朝臣的性格和政治倾向，所以当他看到王导一言不发，便知道王导的态度，于是大手一挥，决定了周顗的命运走向。

后来王导着手整理中书省文件的时候，发现了周顗为王氏上下极力辩白的奏章。在奏章中，周顗甚至提出愿意以自己的性命换取晋元帝对王氏一族的赦免，满卷求情之语言辞恳切、感人肺腑。王导这才知道周顗虽然表面上没有理会自己的求救，实际上却无时无刻不在维护他。而自己不仅误会了他，还在哥哥王敦决定周顗生死的时候选择了沉默。王导自责到了极点，对于周顗的死，他认为自己有着巨大的责任，他哭着对家人说出了那句传世之语："我不杀伯仁，伯仁却因我而死。幽冥之中，负此良友。"

王导的这种负罪感和内疚之感，其实就是虚拟内疚。虽然不是他把周顗杀死的，但是他却因为周顗的死而深感自责。

内疚感虽然是一种负面情绪，但它却是人们心理健康的"报警器"。一个丧尽天良的连环杀手会对那些被自己杀死的人感到内疚吗？很明显不会，因为他们已经丧失了良心和做人的道德底线。当然，除了穷凶极恶的杀人犯，生活中还有很多内疚感缺失的人，他们体会不到内疚的感觉，即便伤害了他人也毫无愧疚之情。

所以，当我们能感到内疚的时候，我们不必为这种负面情绪而感到难过，至少这说明了我们是一个良心尚存的、心理健全的人。当我们感到内疚的时候，就是我们的良心正在提醒我们去照顾他人的利益和感受的时候，这种愧疚是有助于我们营造良好的人际关系的，可以帮助我们更快地适应和融入集体之中。

不过值得一提的是，很多人在某些情况下不含丝毫恶意地拒绝了他人的请求时，也会产生内疚的情绪。

临近下班，任爽被同事乐乐拜托换班，乐乐说自己家里有点事情急着回去，需要找人代班。平时任爽肯定乐意帮她这个忙，可是这次真的不行，任爽和朋友早就约好了晚上去逛街，她不想失信于朋友。所以尽管乐乐再三拜托，她还是委婉地拒绝了乐乐。看到乐乐焦急的面容，不知道为什么，任爽突然十分心虚，内心还掺杂着一点点内疚。

相信很多人都有过和任爽同样的经历，明明自己只是正当地拒绝了对方的求助，却还是会感到心中有愧，好像是亏欠了别人一样。这种内疚并不是说我们真的亏欠了别人，而是因为随着个人的成长和成熟，我们逐渐明白了自己在社交关系中所承担的责任，当他人因为我们没能够提供帮助而焦急的时候，我们自身的移情能力会让我们设身处地地对那个遭到我们拒绝的人所产生的感觉感同身受。

但这并不是我们自己的错误，要知道，别人在向我们提出请求的时候，他就应该知道会有两种可能：第一种是我们愿意帮助他，第二种是我们拒绝帮助他。如果我们因为合理的原因拒绝向他提供帮助，那么，需要消化这个结果的人不该是我们，而是他。如果他不能消化这个结果，那也不是我们的责任，而是他自己的心理不够成熟。我们可以一时产生内疚的情绪，却不必将此视作对他的亏欠，更不能在内疚的心理作用下去做一些自己不情愿却硬着头皮去做的事情。

也就是说，如果这种内疚感是正常的，那么我们就用不着耗费大量的精力去摆脱它，时间自然会淡化它。我们需要的是借助内疚的情绪引发我们对于人际关系和个人所承担的责任以及个人价值观的思考。但如果内疚过度，那么我们就容易长期生活在紧张、高压力的环境之中，这对于我们的身心健康都有着很大的损害。这个时候就需要想办法克服这种内疚的情绪了，思考自己的行为是否真的违反了自己的准则和社会道德规范，如果有，那么尽力去做出适当的弥补；如果没有，那也就不必太过放在心上。

要避免自己陷入自我惩罚的思维中。虽然自我惩罚能对我们的内疚情绪起到暂时缓解的作用，但其弊大于利，过度的自我惩罚只会让我们的内心更加痛苦，不能给我们的人际关系带来任何实质上的好处。所以，我们要学会开解自己，将事情分析清楚，对那些不该由我们承担的责任说“不”，提高自己的认知水平，而不是一味地做一个不懂得拒绝并会因为拒绝他人而内疚不已的“老好人”。

如果我们只是因为别人的看法而内疚，比如由于没有在父母争吵的时候帮任何一方说话，而被视为“白眼狼”“不孝顺的子女”，或是之前其他人的要求我们都答应了，这次因为拒绝了他人而遭受了非议等，对于这些不属于我们的责任，我们有拒绝的权利，不必被他人的想法绑架，更不必为他人的想法负责。做好自己应做的，不因他人的想法和莫名其妙的指责而产生动摇，这样我们才能够让内疚情绪发挥出它合理的作用。

13. 只在一念之间——羡慕与嫉妒

羡慕和嫉妒这两种情绪对我们来说并不陌生：羡慕即艳羡、爱慕，看到别人有某种优点、优秀的条件或者拥有美好的事物，就希望自己也能拥有，与此同时将对他人所拥有的优点的渴望转化为督促自己前进的动力；嫉妒则指的是因为别人拥有的某种东西自己没能够得到，所以对于那个拥有某种东西的幸运儿产生冷漠、排斥、贬低、轻视甚至是敌视的情绪，放任嫉妒情绪的滋长就很容易产生嫉妒心理。嫉妒心理让人痛苦不堪，甚至会对那些拥有某种我们渴望拥有却无法得到的东西的人产生怨恨的心理，恨不得将对方的东西抢过来占为己有。从情绪的友善度来说，羡慕是友善温和的，而嫉妒则带着满满的敌意。

嫉妒会令人发狂，也会让人变得极具攻击性。打开电视，随意调出一部电视剧，几乎都能看到某个角色因为嫉妒而做出不理智的事情，这一点在古装剧中尤为明显，后宫的妃子们常常因为嫉妒某个女人得到了帝王的宠爱，便在背地里想尽办法挤兑乃至伤害这个受宠的妃子。

嫉妒，在我们的日常生活中被称为“吃不到葡萄就说葡萄酸”。嫉妒与羡慕虽然都是由于自己和他人攀比而产生的情绪上的失望和心理上的压力，但羡慕并不会让人产生不满和怨恨以及憎恶他人的心理。羡慕是一种积极的情绪，它会使我们由衷地对他人的幸福给予祝福；嫉妒却是一种消极的情绪，它会让人产生怨恨的心理，对于自己的现状和不幸深感无奈，怨天尤人，甚至会让人产生一种想要破坏他人幸福的倾向，形成自己得不到的也不想让其他人得到的极端心理。

羡慕和嫉妒两种情绪所带来的结果一目了然，当我们羡慕他人的时候，我们会将他人作为自己的榜样，会积极努力地提升自己，不断地超越自己，使自己变得更加优秀；嫉妒则会让我们对他人的美好满怀恶意，甚至会使出卑鄙的手段去破坏他人的美好，最后自己也变得面目可憎。将他人拉入自身所处的泥沼中，固然会感到一种畸形的快乐，但并不能让我们自身得到提高。要知道世界上比我们优秀的或者条件比我们优越的人比比皆是，我们总不可能将所有比我们优秀的人都拉低到自己的水平。所以，与其嫉妒他人，不如将嫉妒的情绪转换为督促自己前进的动力，不断超越自己，如此才能在真正意义上将自己的生活变得更加美好。

14. 并非一无是处——消极情绪的积极作用

在我们的印象中，消极情绪对我们的身心健康是有害的，它不仅影响我们正常的学习、工作和生活，阻碍我们个人的进步与发展，还会连累周围的人遭受池鱼之殃，所以我们都希望自己是快乐的、积极向上的，在祝福和安慰他人的时候，我们也常常说“爱笑的人运气总不会太差”“乐观点儿，没有过不去的坎儿”等。但消极情绪对我们的生活就没有一点点积极的作用吗？如果消极情绪对我们的生活毫无助益，那么它为什么没有在人类进化的过程中消失呢？

澳大利亚新南威尔士大学的心理研究人员也很好奇这个问题，所以他们对此做了大量的实验，并发现消极情绪也有着积极的作用。他们找来一些志愿者参与实验，在实验的过程中，研究人员给志愿者们放映了一些能让人产生消极情绪和积极情绪的电影，还让志愿者们回忆令自己高兴或者悲伤的过往经历，借此来让志愿者们产生消极或积极的情绪。当志愿者们处于某种情绪状态的时候，研究人员会让志愿者们判断流言的真实性。

实验的结果证明：心情愉悦、情绪积极的人更为冲动，流言能够轻易取得他们的信任；而对悲观的、情绪低落的人来说，他们对于流言的态度则更为谨慎，不会轻易相信。也就是说，消极情绪能够有效提高人的判断力。研究人员还发现：当志愿者们的情绪处于消极、低落的状态时，他们在讲述自己过往所经历的事件的时候，能够更清晰地说出事件的细节，而且很少出错。但情绪处于兴奋状态的人则不太善于陈述自己的情况，对于事件的细节印象也比较模糊。这表示当人们处于消极情绪的状态时，记忆力会有所强化。

由此可见，积极情绪固然对人们有着很大的帮助，不仅令我们信心倍增，还会提高我们对环境的适应能力，激发我们的创造力，但消极情绪对我们来说也并非完全有害无益。

学生在面临考试的时候会产生紧张、焦虑的情绪，在这种情绪的作用下，学生会直觉地把握每分每秒，将自己投入书山题海之中，提高自己的成绩；考试失败的时候，低落的情绪会促使学生在新的学期付出更多时间和精力努力学习；当看到其他同学因为成绩优秀受到褒奖的时候，有的学生会产生羡慕的情绪，并在这种羡慕情绪的影响下付出更多的努力。

而且，当我们情绪低落的时候，我们更能以沉着冷静的头脑和谨慎的态度去分析和判断形势，综合处理各种信息，并找出合理的解决方案，这对我们渡过难关起到有效的帮助作用。这也就表明：适度的消极情绪能够帮助我们改变现状，取得新的进步。

生活中，总有一些人会因为消极情绪的影响而堕落，因为嫉妒而陷害别人，因为焦虑而伤害自己，因为失败而自暴自弃。但有些人却能够利用适度的消极情绪去努力改善现状、改变自己。所以，消极情绪未必不能发挥积极作用，只是要看我们在面对消极情绪的时候选择的是坐以待毙，还是奋起反击。

第四章
表情动作中的情绪

1. 喜上眉梢——掩饰不住的快乐

【情景回放】

情人节当天，小勇给女朋友蓉蓉买了大捧的“蓝色妖姬”鲜花，还送了她一套她梦寐以求的化妆品。当蓉蓉收到礼物的那一刻，她脸上的笑容灿烂极了，当天晚上，无论小勇是带她去吃饭还是去逛街，蓉蓉都表现得非常听话，脸上的笑容也自始至终没有消失过。蓉蓉带着笑意，眉眼弯弯的样子让小勇忍不住看了又看，他觉得今天爱笑的蓉蓉格外可爱。看着蓉蓉眉飞色舞、脚步轻快的样子，就连他自己也跟着开心了起来。

快乐是一种发自内心的、让人由衷地感到幸福和满足的情绪，是精神上的愉悦和满足。童话故事的结尾总是写道：“从此，王子和公主幸福快乐地生活在一起。”这其实就是作者本人对于快乐情绪的一种向往，因为快乐代表着无忧无虑、身心放松。人在快乐的时候，眼角和眉毛会微微下压，嘴角上扬，整个人的精神状态是自然的、放松的，充满了惬意与舒适，让人一看便身心舒畅。

人很难掩藏住自己的喜悦，开心与否只要看一看表情，就能够看出来。强颜欢笑、礼貌性质的微笑和皮笑肉不笑的表情，与人真正感到快乐时的表情有着明显的区别。小说中常说的“笑意未达眼底”，说的就是真正喜悦时的笑容和其他性质笑容的根本性差别。虽然说来夸张，但一个人喜悦的时候我们可以发现他的眼睛是亮晶晶、闪着光的，整个人光彩夺目，极具感染力。

人在开心的时候，主管面部笑容的颧肌和眼睛周围环绕着的眼轮匝肌会收缩起来，进而在人的面部表情上呈现嘴角不自觉地上翘、眼睛眯起、眉毛倾斜等变化，这就是笑容最本真的状态。虽然眉毛只是一个不起眼的面部器官，但眉毛却能够将人们情绪的起伏变化淋漓尽致地表现出来。所以当我们和他人交流的时候，可以通过观察他人的眉毛来分析和判断对方的情绪变化。

【情景回放】

张蕊在宿舍里愁眉苦脸叹着气，同宿舍的小静好奇地问她："你怎么一副垂头丧气的样子？有什么心事？"张蕊说："上午我有点头晕，在宿舍里休息了一下，没有去上张老师的课，也没有请假，结果刚才小凌说老师让班长点名了，我有点担心。张老师下节课批评我一顿还好，最怕他记着名字，到考试的时候给我挂科。这门课我本来学得就不扎实。"小静笑着说："原来你担心这个啊，不用担心了，张老师有事没来，找别的老师代了一节课。班长虽然按照代课老师的吩咐点名了，但应该不会有什么大问题的。"

张蕊听完小静的话后稍稍有些放心，紧皱的眉头稍微舒展开来，脸上也没有了之前的愁苦。但她随即又想到班长会不会记了名字交给张老师。小静皱着眉头想了一下，耸耸肩没底气地说："不知道，应该不会吧。他要交给老师，你就只能自认倒霉了。"张蕊听完后眉心纠成了一团，不停地说道："哎呀，这可怎么办啊！"恰好这时小凌带着课本回到了宿舍，她眉飞色舞地对张蕊说道："说说你要怎么感谢我吧！我可是帮了你大忙呢！"

张蕊眉毛微微扬起，好奇地说："谢你什么？我这都快愁死了。"小凌得意扬扬地抬高下巴，眉毛也扬得老高，说道："我帮你跟班长那里说情了啊！我平时跟班长关系还不错，拉着他说了好半天，他才答应不把缺课的名单交给张老师。怎么样，我厉害吧！"张蕊听完高兴得一下子跳起来，抱着小凌晃了晃："太好了，小凌，你真厉害，我还以为我一定会被张老师罚呢！真是谢谢你了，晚上我请你吃饭，地方随便你挑！"小静看到张蕊高兴得眉头也舒展开来了，不由得跟着开心起来，笑着说道："见者有份啊，晚上请客也算我一个。”张蕊高兴地说：“行，咱们三个一起去吃好吃的！”

张蕊的情绪从最初的低落、愁闷到平静，再从平静转为更加苦闷，最后转为兴奋，其中的变化都呈现在了眉毛上。仔细观察，我们可以发现眉毛能够展现出人的多种情绪。人在烦闷的时候眉头是紧紧皱起的，好奇的时候则双眉上扬，生气的时候会眉毛倒竖——很多作者形容生气的女子时都会用“柳眉倒竖”一词，而在开心的时候人的眉毛是处于舒展状态的。

2. 手舞足蹈——压抑不了的兴奋

【情景回放】

陈鑫决定跟心仪的女神告白，虽然室友一再告诫他说：“表白应该是最终胜利时的号角，而不应该是发起进攻的冲锋号。”但他还是忍不住想把自己的这份心意讲述给自己喜欢的人听。虽然把心仪的女神婷婷约了出来，但陈鑫对于婷婷能否接受自己的心意没有半点把握，看着婷婷一如往常的热情洋溢的笑脸，陈鑫忐忑不安的内心稍微感到了一丝欣慰，他攥了攥拳头，给自己增添了一些勇气，然后对婷婷说出了那句在心中酝酿了许久的话，说完后便紧张兮兮地盯着婷婷的脸。

婷婷听完他的话后，白净的脸上逐渐染上了绯红，然后陈鑫看见婷婷紧咬着下唇点了点头。陈鑫没想到自己竟然真的能够得偿所愿，高兴得一蹦三尺高，拉着婷婷的手说着：“太好了，太好了，我还以为你不会接受了……太好了，我一定会对你好的。”婷婷看到陈鑫满脸写着高兴，激动得手舞足蹈，怎么也平静不下来的样子，不由得也跟着开心起来。

人的兴奋情绪是难以隐藏的，当一个人兴奋的时候，肢体动作也会染上兴奋情绪的色彩。这一点在形容人兴奋情绪的成语中就能看出来，人在开心的时候会“眉飞色舞”“眉开眼笑”“扬眉吐气”，会“手舞足蹈”“欢呼雀跃”“拊掌大笑”，这都是兴奋的情绪在人的面部表情和行为动作上产生的影响。

当看到一个人嘴角上扬，脸挤成一团，眼睛眯成一条缝的时候，我们可以判断他是开心的。除五官之外，脚也能准确地呈现出一个人的情绪。

我们能够通过脚的活动来判断对方的情绪。心理学上有一个叫“快乐脚”的名词，指的是当一个人的情绪处于兴奋状态的时候，他的双腿和双脚会不由自主地摆动。

小菲正和朋友在书店看书，她发现闺蜜雅雅捧着手机，突然双脚不由自主地摆动起来，脸上也露出了灿烂的笑容，小菲连忙小声问她：“发生什么好事啦？你这么开心。”雅雅虽然顾忌着安静的环境，不敢大声喧哗，但还是激动得双脚不由自主地在地上来回抖动，她极力压抑着内心的喜悦，低声说：“太好了，我男朋友给我买到了我最喜欢的那款限量手办！感觉超幸福啊！”

有的时候，迫于环境的限制，我们的情绪不能够淋漓尽致地表达出来，但内心真实的情绪还是会通过身体泄露出来。例如，善于隐藏自己情绪的人，即便不苟言笑，遇见高兴的事情也会忍不住偷偷扬起唇角。

《晋书》中记载着一则关于东晋名士谢安的故事：有一天，谢安正在和别人下围棋，不一会儿，下人送上了侄儿谢玄的书信，谢安看完书信之后什么都没有说，继续默不作声地跟客人下棋。因为谢玄正在淮上与人作战，客人便问：“是不是淮上有什么军情？”谢安说道：“那些小子大破敌军。”这就是著名的淝水之战，但谢安说的时候神色举止如常，丝毫看不出有任何的情绪波动。谢安的确是一派名士风流，胸有沟壑，喜怒不形于色。但故事后边还写道：“既罢，还内，过户限，心喜甚，不觉屐齿之折。”也就是说，棋下完了之后，谢安回到家，过门槛的时候，由于心里太过高兴，竟然连木屐鞋底的横木被踩断了都没有察觉。

尽管谢安是在客人的主动询问之下才用不咸不淡的一句话将这个喜讯陈述出来的，但他的内心并不是没有波动，他甚至非常激动，只不过在面上还是将自己的情绪隐藏得很好。生活中有很多大大咧咧的、将情绪写在脸上的人，但也有很多类似谢安一样喜怒不形于色的人。要想判断出他人的真实情绪，还需要我们多点耐心，细致入微地观察他人的面部表情和行为举止，这样才能够巧妙地发现他人隐藏起来的情绪。

3. 瞠目结舌——转瞬即逝的惊讶

【情景回放】

周末是娜娜和闺蜜聚会的好时光。几个小姑娘在茶餐厅喝茶闲聊，正在玩手机的娜娜突然发出了一声惊呼，朋友们连忙好奇地看向她，只见她一边指着自己的手机一边说："我的天哪，你们快来看，楚楚居然订婚了！真是让人不敢相信！"其他几个小姑娘连忙围上去看她的手机，手机上是楚楚身着婚纱的照片，楚楚旁边还站着一个衣冠整齐的男子，两个人看上去般配极了。

几个小姑娘脸上吃惊的表情如出一辙，都是眉头微皱，双眼圆睁，嘴巴张开。她们觉得惊讶的原因是出于对楚楚的了解，她们上大学的时候和楚楚是同一个宿舍的，关系也比较不错。不过她们都知道楚楚是学校里出了名的不婚主义者，大学期间尽管有无数个男生追在她后边跑，但楚楚从来没有和任何一个男生谈过恋爱，她明确地对外表示自己没有与他人谈恋爱的倾向，更排斥婚姻。娜娜她们都猜测，也许多年以后，楚楚依然是独身一人，活得惬意洒脱。

没想到这样一个曾经无时无刻不在传播独身主义思想的女孩，竟然比宿舍里其他人都先结婚了，而且先前没有半点预兆。上次见面的时候楚楚还没有男朋友，这次竟然已经确定了终身大事，这简直让人大跌眼镜。几个人看到这个劲爆的消息之后十分震惊，心里久久不能平静。

提起惊讶，想必每个人的脑海中都会出现一个人嘴巴张开、眼睛瞪大的画面。这的确是很多人对于惊讶情绪最直观的印象。其实，人在惊讶的时候面部表情还有很多细微的变化，只是我们平时没有注意到而已。人在惊讶的时候，眉毛和上眼睑会微微抬起，这样会显得人的眼睛很大，与此同时也表现出当事人对于某件令他感到震惊的事情产生了莫大的兴趣；惊讶的时候我们的嘴巴还会不自觉地张开。但惊讶的表情是非常短暂的，几乎是转瞬即逝，除非事件本身足够震撼，或者有令人吃惊的事情接二连三地发生，否则长时间的惊讶极有可能是伪装出来的。

惊讶情绪的产生一般来源于两种情况：一种是我们没有预料到的事情的发生。比如一向信奉独身主义的好友突然宣布了婚讯，这在很多人的思维中是不曾预料过的情况，所以在知道事情发生之后会产生惊讶的情绪。

另一种情况是自己的预判发生了错误。比如甜甜和心仪的对象联系了一段时间，两个人对彼此的印象都很不错，择偶条件也很契合，但甜甜告白的时候却被心仪的对象拒绝了。甜甜既吃惊又伤心，她完全没有想到自己竟然会遭到拒绝，明明自己各方面都和对方很合拍。

总的来说，惊讶情绪产生的原因就是发生了我们预料之外的事。这有点类似于“少见多怪”，当我们知道有很多这种意外情况发生过时，这种惊讶情绪就不会出现了。不过惊讶情绪也有其益处，人在惊讶的时候能够充分调动听觉器官和视觉器官，让思维更加活跃，以便我们能够更好地进行分析和判断形势。

4. 暗送秋波——眼神传递情绪

在《红楼梦》中，林黛玉出场的时候曹雪芹最先描写了她的眼睛：“两弯似蹙非蹙罥烟眉，一双似喜非喜含情目。”寥寥数语，林妹妹含愁带露惹人怜的情态就已跃然纸上，博得了众多读者的好感。眼睛既是人们心灵的窗户，也是人体最灵动的部位，它能够最直接地反映出人的内心和情绪波动。我们看到一个人的时候，通常情况下也会先看对方的眼睛。

成语中有“暗送秋波”“眉目传情”“眉目含情”“眼意心期”等形容眼神传情达意的成语，日常生活中我们也会说“看我眼色行事”“你怎么那么没眼色”“你递个眼色我就懂了”等话。这里的“眼色”指的是眨眼示意的目光，一般是表示劝告、命令、指挥或邀请等意思。除情侣之间传递感情之外，普通朋友之间也能够通过眼神的交流来传递情感。

在日常生活中，人际交往是必比可少的，想要了解他人的想法就需要我们和他人进行交流。这里的交流不仅仅是指言语上的交流，目光的交流也是人际交流中尤为重要的一部分。我们在和他人沟通的时候，不管是肢体动作还是眼神表情，无不在对外传递信息。能看懂他人眼神中传递的情绪，对于我们理解对方的想法和经营人际关系都有着极大的帮助。

但很多人却不喜欢和他人对视，更怕跟他人目光交流，仿佛生怕冒犯了他人或是泄露了内心的秘密一般。其实这倒没有必要，注视他人的眼睛，有时候恰恰是尊重他人的表现。和他人的目光交流能够让我们更及时地感应到他人的情感和情绪的变化，及时调整我们的语言和行为，避免与他人产生误会和冲突。所以，我们要试着用目光和对方进行交流。

正确的目光交流能够让我们的人际沟通更加顺畅，错误的目光交流则会让彼此之间产生误会。那么我们应该如何正确地运用目光进行交流呢？有以下几种方法可以作为参考。

1. 接纳法

眼神最能够看出一个人的态度，当我们向他人释放善意的眼神时，如果对方以微笑做出了回应，那么就说明对方的态度也是友好、善意和愿意接纳的。如果对方避开了我们的视线或者对我们的注视毫无回应，那么就说明对方并不想认识和了解我们，这是一种拒绝的态度。

2. 恋视法

恋视，顾名思义是饱含恋慕之情的注视，眼神中传递着浓浓的敬仰、友善或者温柔、诚挚、深切的爱意。爱一个人的眼神是难以掩藏的，当我们看到自己喜欢的人时，我们会忍不住带着浓浓的爱意去注视自己心仪的对象。如果对方以同样的目光回应我们，那当然是一件幸运的事，但如果对方回避了我们的这种目光，则极有可能说明对方没有与我们进行更深一步交往的打算。

还有一种情况，如果对方不确定我们是否出于真心或是感到羞涩的时候，也会暂时回避我们的目光，不过很快他们就会偷偷看过来，这有点类似于“欲拒还迎”。在初恋的男女中，这种形式的眼神交流出现得尤为频繁，因为不确定，所以对方需要试探我们是否出于真心。

3. 回视法

也就是转身注视的意思。它不同于“倚门回首，却把青梅嗅”的羞涩，而是表现深情厚谊的一种眼神，它代表的是一种认真的态度，多用于恋人之间，言情偶像剧中这种回视法的眼神屡见不鲜。

4. 目光确认法

当我们需要从他人那里得到肯定时，不需要任何语言，他人坚定的目光就能够让我们产生无穷的信心和勇气。

此外还需要注意的是，当我们和他人进行目光交流的时候，首先要明确自己的态度，做到礼貌、温和、友好，这样我们的目光也会表达出同等的善意。

在和他人交谈的时候，要避免出现眼神躲闪，否则会让对方对我们产生不信任的感觉；用眼神逼视对方则会让人感受到压力；目光呆滞或者左顾右盼都会让人产生受到冷落或轻视的感觉，导致交谈难以为继。正确运用目光交流，才能够让我们在经营人际关系的时候事半功倍。

5. 笑里藏刀——笑容并不都是善意的

说起形容笑容的词语，那真是数不胜数，如“眉开眼笑”“谈笑自若”“笑逐颜开”“嬉皮笑脸”等。人的笑也分为很多种，豪放洒脱的人哈哈大笑，腼腆的人掩口而笑，宽厚温柔的人笑容可掬，真性情的人拊掌大笑。笑对我们来说是开心的象征，但这并不是说所有的笑都代表了快乐的情绪。也有“强颜欢笑”“胁肩谄笑”“笑里藏刀”这样的词语，它们代表的并不是快乐的情绪，而是出于某种社交需求或是为了达到自己的某种不可告人的目的而伪装出来的快乐情绪。换言之，这种笑并不代表善意，有些人伪装出快乐和友善的表象只是为了麻痹他人，内心极有可能隐藏着肮脏、卑鄙的算计。

笑里藏刀就是最典型的例子。在唐朝有一个叫李义府的人，他才华出众，写得一手好文章，待人接物彬彬有礼，和他交谈的人无不感到如沐春风，因此他受到很多人的敬佩，甚至被推举为监察御史。他曾经写过颂扬唐太宗功绩的文章，颇受唐太宗的赏识。唐高宗即位后，李义府圣眷不衰，也很得唐高宗的青睐。一个温和谦恭、逢人便带三分笑的人，很难不受其他人的喜爱。

但相处之后，大臣们逐渐发现李义府虽然表面上恭谨温良，实际上却心胸狭隘，伪善阴险，是个笑里藏刀的伪君子。他仗着唐高宗的宠爱在朝中大肆培植自己的亲信，排除异己，凡是得罪他的人，都被他一一报复回去，甚至他还让自己的妻儿代表自己向他人封官许愿，借此来索取钱财。

唐高宗隐约听闻了李义府的某些出格的行为，婉转地告诫了他，但李义府不仅没有把唐高宗的话放在心上，还变本加厉地以权谋私，用官位向人勒索大笔钱财。唐高宗知道后非常生气，派人将李义府父子抓起来，按罪论处，发配边疆。

孙子兵法中也有笑里藏刀一计。吴国公子姬光对于吴王僚继任吴王之位感到非常不满，他认为自己才是应该登上王位的人。尽管内心无时无刻不在谋划着篡夺王位，但是他并没有将这种不满表现出来，而是表现得非常顺从，对吴王僚毕恭毕敬。姬光收留了智勇双全的伍子胥，伍子胥还给他推荐了一个名叫专诸的吴国勇士，三人谋划着等到时机成熟的时候便刺杀吴王僚。

姬光处心积虑地派人打听吴王僚的饮食偏好，得知吴王僚最喜欢吃的是炙烤出来的鱼肉，就让专诸用心学习如何烹饪出美味的炙鱼。趁着吴王僚的军队被楚军围困，文臣武将都不在身边的时候，姬光将吴王僚请到自己家。吴王僚也不是傻瓜，在进入姬光的府邸前，他自己也做了多重防备，不仅在身上穿了三重甲衣，还带了一百多名侍卫贴身保护自己。

姬光面带笑容，拉着吴王僚来到席上，上菜的时候姬光假称自己脚痛，暂时离开一下，随后专诸捧着美味的炙鱼越过重重护卫来到吴王僚的面前。正当吴王僚满心期待地打算一品佳肴的时候，专诸突然从鱼肚中抽出一把“鱼肠”短剑，用力刺向吴王僚，短剑刺破三重甲衣，将吴王僚刺了个对穿。吴王僚的贴身侍卫连忙抢上前救人，但吴王僚已经没有了气息。专诸被侍卫们乱刀砍死，姬光则和伍子胥带着数百名士兵包围了吴王僚的卫队。很快吴王僚的侍卫就被解决了，姬光成功篡夺了吴王僚的王位。

姬光所用的便是笑里藏刀之计，以恭敬顺从的态度大大降低吴王僚的防范之心，即便吴王僚有所防备，也被姬光的伪装欺骗，导致自身落入了姬光的陷阱之中。

微笑虽然在生活中被我们当作善意的信使，但这并不代表笑的人就真的开心。商场里有的趾高气扬的售货员会对寒酸的顾客露出轻蔑的笑容，有所图谋的人会对自己的利用对象露出居心叵测的笑容，深谋远虑的人会对单纯幼稚得近乎愚蠢的人露出意味深长的笑容。要想判断一个人的笑容是否真诚，还需要我们仔细分析对方的微表情。当一个人笑的时候只有嘴部和脸颊发生变化，而没有眼睛的闭合动作时，就可以判断出这个人并不是真的开心，而是礼貌性或迎合性的假笑。

所以，即便陌生人对我们露出微笑，我们在回以微笑和保持礼貌的同时，也要记得保持警惕和防备，避免被有心人伪装出来的善意所欺骗，导致我们的人身财产安全受到威胁。

6. 抓耳挠腮——内心的焦虑作祟

【情景回放】

考场上，晓林面对着空白的卷子，脑袋里一片茫然。他有考前焦虑症，开考的时候考卷一发下来，他就审了整套试题，基本上试卷所涉及的知识点都是他之前复习过的内容，甚至连老师划重点的时候说过的话他都记得清清楚楚，但这并不能让他的内心平静下来，不管考前复习得多么好，一旦坐在考场上，他就烦躁得不行。平时记得清清楚楚的知识点在这个时候偏偏跟他玩起了捉迷藏，他绞尽脑汁也想不出来解题的思路，背得朗朗上口的诗句此时也隐匿在脑海中，完全找不到踪迹。不一会儿，他就急得满头大汗，眼看着时间一分一秒流逝，自己的试卷还有大片大片的空白，他不由得烦躁得抓起了自己的头发。

焦虑情绪是人们在为维持自身生存和繁衍而与环境做斗争的过程中所产生的一种情绪。在原始社会中，当人们遭遇恶劣生存环境的威胁或是缺乏食物等生存威胁时，就会出现焦虑的情绪反应。到了现代社会，人们在遇到困难或者感受到压力的时候也会出现焦虑的情绪。也就是说，通常情况下，焦虑与人们遭遇的压力、打击或是可预见的危险或威胁有着直接的因果关系。人在焦虑的时候会表现出精神紧张、情绪低落、痛苦等状态。而病态的焦虑则是一种缺乏明显客观原因的内心不安或者毫无根据的恐惧。

在现代社会中，焦虑是一种非常普遍的情绪，多数人都被焦虑的情绪困扰过，也许是由于升学的压力，也许是由于感情的问题，也许是源于生活的压力。当这些烦恼紧紧围绕着我们的时候，我们的情绪和心态很难保持平和，焦虑也就自然而然地产生了。但焦虑并不是毫无益处的，适度的焦虑能够快速激活人们身体的机能，提高人们的警觉性和各方面的反应速度。

【情景回放】

正在上高中的小乐前几天由于学习成绩提高，被爸爸妈妈奖励了一部手机。小乐之前看别的同学用手机上网、聊天、打游戏和听音乐时都特别羡慕，现在有了自己的手机，终于过了一把瘾，但是他的自律性极强，平时上学的时候很少玩手机。有一天早上去上早自习，走到半路时小乐的舍友蓉蓉突然停下来大叫一声："糟了，我手机忘带了！"小乐说："忘了就忘了吧，我手机也忘在宿舍了，反正我们上课也用不到。"蓉蓉说："不行，没有手机我这一天会浑身不安的，你快陪我一块儿回去拿吧！"

小乐有些犹豫地说道："这都快到早自习时间了，我们再折回宿舍肯定会迟到的，而且说不定现在宿管老师已经锁上大门了。"蓉蓉拉着她说道："唉，没关系，我们跑得快一点，应该能赶得上。"结果还真让小乐说着了，她们赶回宿舍时，宿管老师已经锁好了大门。小乐立即拉着愁眉苦脸的蓉蓉往教室赶。还好没有迟到，可是整个早自习，蓉蓉都表现得魂不守舍，跟丢了什么东西似的，也没有心思背书了。焦躁的她把废作业本撕成了碎纸条。

小乐感觉非常奇怪："不就是一天不玩手机吗？你用得着这么焦虑吗？难道还玩手机玩上瘾了？以前没手机时不是也过得好好的吗？"蓉蓉说道："你才玩手机两三天，你还没有习惯，你不懂这种失控的感觉，让人很不安，我现在心慌得什么都不想干。"小乐见自己劝不了她，索性背起了自己的书，并暗暗决定，还是要把手机交给爸爸妈妈帮忙保管，高考结束再让他们还给自己，要不然肯定会耽误自己学习的。

现代社会，手机已经成了人们日常生活中不可缺少的工具，和他人联系、出门之后查询公交线路、买东西时的移动支付、闲暇时打发时间的视频和游戏等，都需要手机作为载体。人们对手机的依赖程度越来越高，哪怕出去聚个餐，十几分钟不碰手机都会觉得心慌。即便没有新的消息和来电，也忍不住想要打开手机看一下，亲自确认过才会安心，否则就会出现烦躁不安、抓耳挠腮、精神紧张、心率加快、内心难以平静下来等典型的焦虑症状。

生活中，焦虑的人也随处可见，比如在银行业务窗口排队的时候，有些人会蛮不讲理地插队，甚至做出越过黄线的行为；还有的人在等红绿灯的时候根本不遵守交通规则，看到没车就直接过去，一分钟的时间都不想多等；有些人要到马路对面去，却不愿乖乖走上几十米路到路口处绕过去，而是直接翻过栏杆横穿过去；堵车的时候很多人会忍不住怨天尤人，甚至咒骂交通和前面挡路的司机，这些行为背后都隐隐透露着我们的焦虑。

那么，焦虑究竟从何而来？

总的来说，焦虑是我们对未知的不确定因素的不安和担心。人人都喜欢完美和万事都掌控在手心的感觉，虽然这有些乏味，但至少能够让人感到安全和放松。在生活和工作上，我们尤其不喜欢有出乎我们意料的事情发生，但生活是不可能一帆风顺、事事如意的，我们也不可能将所有的事情都牢牢控制在手心里，而免不得会有意外发生，有未知的困难等着我们去解决。很多人常常因为生活中的一点点不如意就自乱阵脚，心烦意乱，整天唉声叹气，殊不知这时的自己已经被焦虑情绪控制住了。

如果我们放平心态，做好接受生活中各种磨难的准备，做到随遇而安和知足常乐，那么我们获得快乐的成本就会低很多，焦虑的情绪也就没有生根发芽的土壤了。“既来之，则安之”，这样一个看似简单的道理却需要我们用心去体会，才能够使自己的内心安定下来，将注意力集中在解决当前面临的问题和更好地适应环境上，而不是惶惶不可终日，给自己的精神戴上沉重的枷锁。

人们会因为天灾人祸而感到焦虑。生命是脆弱的，任何的天灾人祸都有可能导致生命的逝去，更何况生活中还充斥着多重压力和打击。很多人会因为一夜之间倾家荡产而想不开，结束自己的生命；也有很多人因为罹患绝症、不堪忍受而自杀；失业、失恋、失去亲人等打击有时候也能让人陷入焦虑无援的境地。遭遇不幸的人会紧张、失落、焦虑，甚至会绝望，但一个人不可能永远处在倒霉的位置上。熬过了最艰难的那段时间，走出了困境，我们的生活就会变得美好起来。每个人的人生都是在不断地起起落落，人在上坡的时候总是更难一点，坚持过去，总有柳暗花明的一天。

心理素质和承受能力差的人更容易感到焦虑，因为一点点小事都能够刺激到他们敏感的神经，让他们紧张不已，提心吊胆，坐立难安。但凡有一点点失败，他们都会像天塌了一般崩溃。焦虑情绪还容易引发暴躁和愤怒，有的人甚至会迁怒于身边无辜的人，伤害他人的同时也伤害自己，造成和他人关系紧张的同时也使自己的精神更加紧张和疲惫，以至于出现失眠的情况，使自己陷入精神紧张持续增强的恶性循环之中。

这个时候我们需要及时地进行自我开导，并做好心理预警，将可能发生的情况在脑海中模拟一遍，并制订出相应的解决方案，提高自己的心理素质和承受能力，尽量减少焦虑情绪对工作和生活造成的影响。同时注意给自己放个假，忘却一切烦恼，安心睡一觉之后再振作精神，解决问题。

当我们自身的心理承受能力得到提高，解决问题的能力得以提升，能够坦然面对生活中的各种困难的时候，焦虑情绪也就会离我们越来越远。

7. 打个招呼——问候背后的情绪

【情景回放】

李晴早上去上班的时候，刚好遇见开着门打扫卫生的邻居，她笑着跟对方打了招呼：“早啊，阿姨。”邻居老太太笑眯眯地跟她问好。电梯就在老太太家门旁边，李晴见老太太忙个不停，一边吃面包一边问道：“阿姨，你每天早上都打扫卫生啊？”邻居老太太说道：“是啊，年纪大了睡不得懒觉，天不亮就醒了，反正没事干，打扫一下卫生打发时间嘛！小姑娘，今天没有起晚啊。”

李晴有些不好意思地笑了，说：“我平时爱睡懒觉，闹钟都叫不醒我，总是醒得太晚，不过您怎么知道我没起晚？难不成您一直注意着时间？”老太太说：“我哪知道那么详细，今天不是周六，你跟我打招呼又一点也不见着急，肯定是因为时间充足。”这时电梯来了，李晴跟老太太告别。

屋子里坐着看电视的老爷爷问道：“怎么她平时打招呼跟今天不一样吗？”老太太说：“当然不一样了，这小姑娘挺有礼貌的，今天是不着急上班，跟我好好打了招呼。平时她急着去上班，遇见我就直接点头示意，下班不管再累，见到我也会笑吟吟地打招呼。有时候看她心情不好，打招呼的时候虽然不怎么笑，却也没少了礼貌，我对她印象蛮好的。”

打招呼是我们日常生活中经常会做的一个行为，见到熟悉的朋友我们会笑着跟对方摆手示意；早上到了办公室看到同事们也会点头道声“早上好”；路上遇到陌生人对我们微笑，我们也会笑着回应对方的善意。不过，就是这个生活中最常见的打招呼也会受到情绪的影响，仔细观察，我们不难发现，在不同的情绪状态下每个人打招呼的方式也会有一定的差别。

在日常生活中，心情好的时候和朋友偶遇，我们可能会高兴地扑上去，给对方一个拥抱；心情平静的时候，我们可能只是礼貌地微笑招手；心情差的时候和朋友见面，我们往往连问候都欠奉。这就是情绪在操控着我们的行为。

打招呼的方式有很多种，不同的打招呼方式背后透露出的是不同的情绪和心态。

有的人喜欢向他人招手示意，这种人性格比较开朗，大大咧咧不记仇，待人接物热情亲切，经常照顾他人。有的人则喜欢拍打肩膀，表示关系密切，但如果是上司对下属做出了拍打肩膀的动作，则很有可能代表了示威的意思。有的人打招呼时习惯用眼睛直勾勾地盯着对方，这种人警惕心强，自我意识强烈，有点以自我为中心，交谈的时候常让人感到压力，不懂得为他人着想。有的人打招呼的时候则不喜欢和他人目光相接，通常情况下这都是心虚的象征，但这并不代表他们做了什么错事，而是说他们性格内向、胆怯、缺乏自信，对于人际交往不能够自如掌控，做决定的时候也容易犹豫。

打招呼虽然只是人们日常生活中的一件小事，却是我们经营人际关系时不可忽视的细节。得体的打招呼能提高他人对我们的印象分，进而让我们在经营人际关系的时候更加得心应手，无往不利。

8. 随口敷衍——交谈之中的情绪

【情景回放】

张睿和室友宋达讨论着假期的出游计划。他们很早以前就产生了一起出去旅游的念头，但是由于工作性质不同，两个人的假期总是错开，一个人出去旅游又觉得有点孤单，所以现在好不容易有了一个共同的假期，张睿兴奋极了，一边查询心仪的几个景点，一边兴奋地跟宋达商量：“现在这个季节九寨沟风景正好啊，不然咱们去九寨沟吧？不过你是不是不喜欢爬山？要不咱们去厦门看海？青岛也行，吹着海风吃海鲜，想想就爽爆了！”

宋达看着手机，显得有些心不在焉，随口说道：“你决定就好，我没什么意见。”张睿兴奋的表情在听完宋达的话后瞬间转为疑惑，他离开电脑桌，走到宋达旁边问：“怎么了？你不想出去玩了？也没关系，宅在家里睡大头觉也挺好，我们能组团打游戏。”宋达犹豫了片刻说道：“我不是不想出去，只是有点担心，我妈妈前两天跟我打电话说她最近生病住院了，我不知道该怎么办。我跟她的关系特别差，本来不想管她的，但是心里总觉得不舒服。”

张睿点点头，他隐约听说过宋达的家庭，父母离异，宋达跟生母的关系很不好，别人家的家事他也不好做评价，便说：“这样啊，你要是不放心，我陪你一块儿去你老家呗，到了你再决定要不要去医院探望你妈妈。别在这烦恼了，帮我介绍介绍你老家有什么好玩的地方。”宋达听他这么说，顿时情绪高涨不少，拿出手机边搜索边说：“我跟你说我们那儿地方虽然小，景点还真不少，关键去旅游的人不多，清净，你去了我带你去看……”

沟通等于 70% 的情绪加 30% 的内容，人与人之间在交谈的时候，所进行的并不单单是信息的交流，也在做情绪的交流。人的行为举止以及言谈措辞无不与情绪有着密切的关联，交谈过程中时刻注意对方的情绪，能够帮助我们更好地分析现状和进行进一步的沟通。张睿正是因为发现室友在交谈时言语敷衍，态度淡漠，看出了他情绪低落，才及时转变话题，关心宋达的心情，从而得知宋达的心事，并想出合理的解决方案，将宋达从低落的情绪中解救出来。这可以说是察言观色最普遍的例子了。

在和他人交流的时候，察言观色是我们必备的一项技能，这样能够让我们清晰直观地感受到对方的情绪波动，以便我们调整沟通的方式。如何看出对方是否有和我们交谈的兴趣呢？这就要靠我们通过对方的肢体动作和面部表情去分析对方的情绪并做出判断了。

一般来说，当我们和他人沟通时，对方左顾右盼、眼神飘忽，就说明对方情绪不高、心不在焉，对于我们所说的内容没有太大兴趣，但碍于礼貌所以并没有打断我们的话。这种情况下我们就需要调整一下自己的沟通方式了，转换话题，或者终止交谈，否则不仅不能使沟通产生应有的效果，还容易引起对方的逆反心理。

【情景回放】

小丽因为早恋的问题被学校请了家长。爸爸知道后怒不可遏，但还是强压着心头怒火和小丽进行沟通。爸爸妈妈先是采取动之以情、晓之以理的方式，试图说服小丽和那个男孩子分手，但没想到小丽不耐烦地扭过头，不和父母对视。她不是看桌子，就是低下头看自己的鞋，不和父母顶嘴，但也不松口，完全没有认错的态度。爸爸见状严厉地批评起小丽，要求小丽立即跟对方分手，小丽此时不再是最初不耐烦的态度，而是表现得非常抗拒，脸上写满了烦躁的情绪，瞪着爸爸。

爸爸气得高高扬起了手，眼看就要把小丽揍上一顿，妈妈连忙拦住了他。

看小丽这副抗拒到底的姿态，妈妈就知道现在跟她说什么，她都不会愿意跟那个男孩子分手的，于是妈妈说道："你要是真的喜欢那个男孩，我和你爸爸也可以不反对。"小丽听完后好奇地转过头来看着妈妈，似乎有些难以置信，开口问道："真的吗？"

妈妈说："当然是真的，不过妈妈有一个条件，你和那个男孩子谈恋爱可以，但是不能够因为谈恋爱影响你的学习成绩。你马上就要升入高三了，孰轻孰重我想你分得清楚，只有你们两个人一起进步了，我们才能认可和支持你们的感情。"小丽听到后高兴地抱住妈妈说道："妈妈，你真好，其实我们早就约好了考同一所大学。你放心，我一定会更努力学习的，绝对不让感情影响我的学习成绩！"小丽现在的乖巧和之前的叛逆判若两人，爸爸看到后不由得对妈妈竖起了大拇指。

当交谈的时候，对方做出了双手交叉抱胸的动作，则说明对方抗拒与我们交谈。双手交叉抱胸是一个缺乏安全感的动作，当人们担心在交谈中自己会受到什么伤害的时候，就会做出这种带着自我保护意味的动作，将自己调整到小心谨慎的防御状态，和他人隔离起来。在这种情况之下，双方很难进行有效沟通。

当交谈的时候，对方的两脚分开，双手交叉，则说明对方在示威，试图通过这种动作来宣示自己的权威；也意味着对方的情绪不适合平心静气地交谈，接下来很有可能会发生争论。

当交谈的时候，对方的眼睛注视着我们，时不时与我们进行眼神交流，并且脚尖正对着我们，则说明对方情绪高昂，所呈现的是接纳的态度，对于正在进行的交谈有很大的兴趣。这时候我们尽可以将自己想说的话说出来。

沟通是一门高深的艺术，善于沟通的人能够经营起良好的人际关系，不善于沟通的人却往往连朋友都容易得罪。掌握他人的情绪变化，及时调整沟通策略，能够让我们更简单、快捷地达到沟通的目的，让我们的人际关系变得更加和谐、稳定。

9. 正话反说——安抚情绪的技巧

有的人在跟他人聊天的时候，喜欢直来直去，脑子里没有那么多弯弯绕绕，不懂得委婉表达和理解他人的弦外之音；有的人处事圆滑，会用一种更柔和的方式和他人进行沟通，所以有的时候不但不会直白地说出自己的心声，反而会正话反说。这样的例子并不少见，在中国古典四大名著之一的《红楼梦》中，王夫人和黛玉常常会将贾宝玉称为“混世魔王”“命中魔星”或“祸胎孽根”等，妻子们在说起自己的丈夫时也常常称之为“冤家”“杀千刀的”“死鬼”等。虽然是贬损的词语，可这些称呼中却无不透露出亲昵和喜爱之情，这便是正话反说的妙用。

在幼儿园阶段的教育中，老师在维持秩序的时候很少会对小朋友们直接下命令说“不许说话了”“不许离开座位”“不许和小朋友打闹”等，但是却常常听到老师正话反说“我看看谁还在说话”“我看看谁在浪费粮食”“我看看谁还没有坐到自己的位置上”等。对比观察，我们可以发现，老师正话反说的效果反而要比直接发号施令更管用，小朋友们听到这样的话，往往就会遵照老师的意思去做。

因为这两种说法背后所代表的情绪是有一定区别的：当老师直接发号施令的时候，是带有愤怒情绪的，小朋友会感到恐惧，还有可能因此而哭出来，甚至对老师产生害怕和抵触的心理；而老师用正话反说的方式，减少了语气中严厉的成分，却能够向小朋友们传递老师可能要生气的信息，让小朋友们自觉规范自己的行为。

相比有话直说，正话反说有时候不仅能够更明晰地表现出我们的情绪，还能让谈话的效果更加有趣。有这样一则关于清朝大才子纪晓岚正话反说的故事：

纪晓岚曾经给朝廷中一个翰林的母亲在寿诞上作了一篇祝寿词，开篇便震惊全场。纪晓岚来到大厅之中，看到身着华服、安稳落座的翰林母亲时便开口说道：“这个婆娘不是人。”话音刚落，屋子里顿时喧哗起来，很多人都觉得这纪晓岚是疯了，竟然跑到别人母亲的寿诞上说这种胡话，正当有人要开口责备他的时候，纪晓岚继续说道：“九天仙女下凡尘。”

翰林母亲听完后顿时笑逐颜开，满屋人悬起来的心也落了下来。可他们的高兴劲儿还没有维持多久，就被纪晓岚的下一句话打断了，只听他说：“生个儿子去做贼。”这下翰林的脸色立即黑了，不知道纪晓岚到底想做什么，但很快大家都被纪晓岚的最后一句话逗得哈哈大笑，因为最后一句正是“偷得仙桃献母亲”。一篇祝寿词让人的情绪如此起伏，带来一波三折的戏剧性变化，但却妙趣横生，逗得老夫人和翰林大人满心欢喜，并且给人留下了深刻的印象，既让人感受到了纪晓岚这个大才子的创意和文采，又让人看出纪晓岚幽默的性格。

在现实生活中也不乏正话反说的例子。有这么一则笑话，两个农民在商店里买农用物资，开商店的也是相熟的同村人，其中一个农民想知道商店新上架的一款农药的效果，便问旁边的那个农民道：“诶，你上次不是在这买了这个农药吗？效果怎么样？”买过药的农民本来想说效果不好，让他不要买，但当着店主的面，买过药的农民自然不好直说，这样难免会伤了彼此的和气。但他又不好欺骗别人，于是他脑筋一转，想到一番好说辞。只见他笑着说道：“哎呀，效果特别好。”

店主听完笑眯眯的，没买过药的那位农民闻听此话连忙追问道：“怎么个好法？和之前的比好在哪？”买过药的农民说：“前两天我老婆和我吵架了，谁知道她一时之间想不开，抓着我新买的农药就灌了下去，结果一点事儿都没有，这不是好极了吗？我正想送一面锦旗到商店来呢！”没买过药的那个农民听完会心一笑，顿时明白了对方话中的真意，店主此时也明白了他话里的意思，知道他那番话中所包含的善意，于是大度地说道：“哎呀，你这个人啊，蔫儿坏，这次是我看走眼了，进错了货，下次有新货，我先给你送去一瓶，让你免费试用成了吧？”说罢，三个人哈哈一笑，彼此心中毫无芥蒂。

在劝说他人的时候，尤其是向上司提意见的时候，正话反说往往能够比仗义执言更容易被上司采纳。春秋时期，齐国的君主齐景公非常喜欢鸟，有一次他得到了一只特别漂亮的鸟，他非常喜欢这只鸟，就专门派一个叫烛邹的人负责养护这只鸟。但是没想到才过去几天，烛邹一个不小心就让这只鸟飞走了。齐景公气得怒火冲天，非要亲手杀死烛邹不可。

周围的臣子和侍从见状都不敢拦，这时大臣晏子说道：“大王要杀死烛邹不必急于一时，既然烛邹该死，那么至少让我宣布了烛邹的罪状，大王才好名正言顺地杀他，也让他死个明白。”齐景公听到晏子没有反对自己，便答应了晏子的请求。晏子走到被侍从们五花大绑的烛邹面前，厉声说道：“你可知道王上为什么要杀你吗？因为你罪责难逃，现在我就告诉你，你到底犯了哪些罪！你的罪状一共有三条——大王信任你，把心爱的小鸟交给你养护，你却不仔细养护，让鸟飞走了，这是你的第一条罪状；要不是你把鸟放跑了，我们英明的王上也不会因为区区一只鸟就要杀人，让国君失德，这是你的第二条罪状；如果其他诸侯、百姓知道国君为了一只鸟而杀死臣民，必然会认为国君重视小鸟甚于千万百姓的性命，国君不仅会因此失德于百姓，更会被诸侯轻视，导致国基不稳，这是你的第三条罪状。所以现在你必须认罪伏诛！”说完之后，晏子转过身对齐景公说道：“现在烛邹的罪责已明，王上您可以动手了。”

齐景公听了晏子的一番话，怎么会不知道晏子那番话看似是向烛邹讲清楚他的罪状，实际上则是为了变相劝谏自己，向自己说明仗着国君权势滥杀无辜会带来的可怕后果呢？他也意识到自己因为一只鸟就要杀人的行为太过分了，所以他摆摆手说道：“算了，他罪不至死，把他放了吧。”随后齐景公走到晏子面前，拱手施礼道：“多谢您及时点醒我，否则我必定铸成大错，为国家安定埋下祸根啊。”

如果晏子不是通过正话反说的方式让齐景公听懂自己的弦外之音，而是在齐景公盛怒之下直言相谏，不但不能阻止齐景公的荒唐行为，反而会将齐景公的怒火引到自己身上，甚至可能搭上自己的性命，造成更大的悲剧。

由此看来，在某些情况下，正话反说有时候比起直言要管用得多。沟通的方式是多种多样的，掌握多种沟通方式和沟通思路，及时分析和判断形势，并随机应变，能够让我们更好地实现情绪、信息和思想的交流，这样才能让我们的人际关系更加和谐、紧密。

第五章
做情绪的主人

1. 不当情绪的奴隶——如何主宰情绪

【情景回放】

程悦刚刚参加了公务员考试，虽然她努力看书，做了很多练习题，但考试的时候，试卷上依然有很多题是她根本答不出来的，不用对答案查阅成绩，她就知道自己这次肯定没有考好。考试结束后，她心里特别烦躁，回到家之后更是彻底“宅”了起来，除了吃饭、睡觉就是玩手机，别的什么事情都不想做。妈妈不知道程悦心里在烦些什么，也不知道她考试考砸的事情，只是见她整天闷在屋子里，不出去找同学逛街，也不和自己谈心，便有些担心，于是忍不住唠叨她：“现在不是公布考试成绩了吗？你考得怎么样，你查一下成绩啊，没考好就多看看书，别老是玩游戏。这几天天气这么好，也不找你朋友出来玩，整天待在家里，你要是不出去就起来帮忙做做家务。你看看你，没骨头似的，不是躺在床上就是窝在沙发上，现在的年轻人有几个跟你似的这么没有上进心啊……”

程悦不耐烦地打断妈妈的话：“别说了，你烦死了，整天唠唠叨叨没完，你怎么不说我一出门你就老给我打电话啊，不接就不停地打，烦都烦死了。出去玩就是图个高兴，你这么夺命连环call（打电话）谁看着不闹心，你不就不想看见我吗？我这就出去，不在家碍你的眼行了吧。”一番话把妈妈也说得满腔怒火，扔掉手里叠了一半的衣服说道：“我这还不是因为担心你吗？现在外边车那么多，那么乱，你一个小姑娘家要是出了什么事情怎么办？你出去从来不说做什么、和谁一起、什么时候回来，这样我怎么放心得下？你自己主动报备不就什么事情都没有了吗？你就非要气我不可……”说着捂着脸哭了起来，程悦见状头疼不已地认错：“妈，你别哭了，我错了还不行吗！好了，我不出去玩了，我在家乖乖帮你做家务行了吧？”

程悦很清楚，妈妈说的都是实情，也都是为她好，但她一向不是乖乖女的性格。平时心情好，妈妈的话她倒能够洗耳恭听，但是最近自己的情绪本来就非常暴躁，所以妈妈唠叨两句，她的情绪便难以控制了，说话也就有点不经大脑，什么难听说什么，难免会伤妈妈的心。程悦对于自己突然迁怒母亲的行为也感到非常愧疚，但她就是控制不住自己的情绪，这让她非常苦恼。

齐齐决定向自己喜欢的男生告白，但是她尝试了三次，每次都以失败告终，因为她无论如何都说不出口。虽然她的朋友一直在暗处给她加油打气，但她还是在喜欢的人面前频频落荒而逃。齐齐的好朋友见她又一次没把告白的话说出口，不由得着急埋怨她道：“哎呀，你怎么那么怂啊！‘我喜欢你’这四个字不是张口就能说出来吗？我们在宿舍里演练了好多遍了啊，怎么就是说不出来呢？你老是关键时候掉链子，什么时候才能追上他啊！”

齐齐说道：“我也不知道怎么回事啊，看着他的照片演练的时候还好，可是一见到他真人，不知道为什么我就特别紧张。我当时都感觉得到我的脸特别红、特别热，心跳的声音也特别明显，大脑一片空白，要说什么也都忘了。别说让我告白了，我一看见他的脸就晕晕乎乎的，不知道自己该说什么了。”

生活中，我们会遇见各种各样的突发状况，面对不同情况的时候，我们也会产生各种各样的情绪。积极的情绪对我们来说自然是好事，而消极的情绪却往往会让我们失控，使我们为发泄不良情绪而做出不理智的行为，影响自身的工作和生活，甚至迁怒他人，破坏人际关系的和谐与稳定，给我们的生活造成很大的麻烦，让我们不堪其扰。

那么，我们该如何做情绪的主人，掌控情绪而不是被情绪控制呢？

第一步，我们要做的就是体察自己的情绪，知道自己的情绪处于怎样的状态。当我们和其他人发生争执的时候，我们要弄清楚自己的情绪状态，如果生气，那么就在心中思考一下我们为什么会生气，目的是什么，怎样才能解决当前所面临的问题。例如，当我们因为恋人忘记了节日时给我们送礼物而生气，甚至和对方冷战的时候，我们可以先分析一下自己为什么生气，当前的局面是如何造成的，明确自己是否希望事情到这个地步，有没有好的方法来化解冷战，等等。人们在生气的时候往往意识不到自己的情绪，所以才会被情绪控制，做出一些毫无理智的事情。体察情绪是管理情绪的第一步，我们只有先察觉到自己的情绪，才能够着手管理自己的情绪。

第二步，要懂得正确表达自己的情绪，把埋怨的话语改成关心的问候。有些人刀子嘴豆腐心，明明心里想的是为别人好，话到了嘴边却变得恶声恶气，善意的初衷都被埋没了。

【情景回放】

张颖的丈夫又一次加班在外边应酬，眼看时针指向十一点了，丈夫却始终没有回来，张颖不由得有些担心，睡也睡不着，怕他喝了酒，回来路上出什么问题。她拿出手机给丈夫打了个电话，电话响了一阵被接了起来，里面声音非常嘈杂，能听出来是一群大男人在叫嚣着拼酒。丈夫疑惑地问道："有什么事吗？之前不是打过电话了？怎么又打？"一句话引发了张颖的满腔怒火，她喊道："没事不能找你吗？还问我为什么又打电话，要不是因为你一直不回家，你以为我会管你？我才打了几个电话你就嫌我烦，大晚上还在外边跟人家喝酒，怎么不喝死你，你干脆别回来了！"

丈夫一听也动了火："你这个人讲不讲理，我就在外边喝个酒，你用得着咒我吗？"夫妻俩在电话里你一言我一语地吵了起来。张颖挂上电话，生了半天闷气，才想起来本来自己是想叮嘱丈夫喝酒回来注意安全的，却因为一时火上心头，跟丈夫争吵间把这件事忘了个一干二净。

如果张颖不是和丈夫争执，而是将“你这么晚还不回家，我很担心你的安全”这种感受传达给丈夫，那么丈夫在感到温暖、安慰和关爱的同时也会回馈给张颖同等的安慰和关爱。而张颖指责丈夫则是直接将自己和丈夫摆在了对立面上，像战场上敌对的两个人，对方不可能站在我们的角度上思考，他只会为自己辩护。这样一来，争吵就无法避免了。所以，以适当的方式表达情绪能够让我们的沟通变得更加有效，让我们的人际关系更加和谐，让我们走的弯路更少。

当然，我们还要懂得合理纾解自己的情绪。在日常生活中，产生情绪波动非常正常，打游戏时遇见“猪队友”还会气得想要破口大骂呢，更何况我们面对的是生活中层出不穷、或大或小的烦恼，因此出现不良情绪是不可避免的。发现自己有不良情绪之后，很多人会下意识地压制自己的情绪，尽量做到喜怒不形于色。但无视自己的情绪对我们控制情绪来说，并没有任何帮助，因为情绪就在那里，如果没有发泄出来，它便会积压下去，越积越多，直到某一天因为一根导火索引发情绪的“大爆炸”。

网络上有句话叫：“对你突然发火的人，你不知道他在心里忍了你多少次。”人们情绪的突然爆发不是毫无缘由的，而是积压已久的情绪到了临界点。所以无视和压抑自己的情绪，并不能够帮助我们纾解不良情绪，在适当的时候选择恰当的方式纾解自己的情绪，才能够避免某一时刻情绪的大爆发。

纾解情绪的方法有很多，不同性格的人选择的方式也不同，但每种纾解情绪的方式都能够产生相应的效果。有的人喜欢通过打拳、跑步、和朋友聊天的方式来发泄自己的情绪；有的人喜欢通过逛街购物、和朋友泡吧的方式来发泄情绪；有的人扑到朋友怀里大哭一场；有的人则通过痛哭一场或者向朋友诉苦的方式来发泄自己的情绪；有的人有不满则会直接说出来，不会将情绪积压在心里。这些都不失为发泄情绪的好办法，除此之外，我们还可以听听音乐、散散步、做些自己感兴趣的事情来避免不良情绪的反复侵扰。

纾解情绪并不代表之前的不良情绪会消失无踪，而是说暂时让我们从不良情绪中解脱出来，让理性思维能力重新回到我们的头脑之中，让我们可以更理智地去看待问题、解决问题。如果仅仅靠纾解情绪的方式来应对不良情绪，那么我们只能够获得暂时的平静，之后我们还是要面对让我们产生不良情绪的问题，甚至可能承受加倍的压力和痛苦。纾解情绪之后，找回勇气和智慧，勇敢地重新面对引起情绪问题的源头，才能够真正地解决问题。

2. 审视情绪——做情绪的观察者

【情景回放】

夏日午后，潇潇和闺蜜小蕾约着一起去逛街，但是潇潇在约好的时间到达指定的位置时，却没有看到小蕾的踪影。潇潇耐着性子等了二十分钟，燥热的天气让她烦闷不已，小蕾迟迟不到也令她感到有些担心，她不时打开手机看一下时间，额头和手心都是汗水。她掏出纸巾擦了擦，最后还是忍不住给小蕾打了电话，但是不知道为什么小蕾没有接。潇潇心里更加烦躁，她不知道为什么小蕾没有按照约定的时间和自己会合，也不知道为什么小蕾不接她的电话。她不由得开始胡思乱想，会不会是小蕾在路上遇到了堵车？或者她现在才刚刚出门？不接电话难道是因为她的手机静音了？还是说小蕾光顾着自己玩，看天太热，打算放自己“鸽子”？

各种念头在潇潇的脑海中交织成一团，她烦躁地在附近的阴凉处走来走去，不时地看看周围来往的人群，希望能够看到小蕾的身影。但是她的希望一次次落空，打出去的电话、发出去的信息也没有任何回复。她的担忧不断增长，又等了二十分钟之后她终于看到了小蕾，小蕾的脸色看上去非常难看，没有半点笑容，见到自己更是连招呼都懒得打，更没有对之前不接电话和迟到做任何解释。

潇潇的担忧顿时转化为满腔怒火，她不由得质问道：“我给你打那么多电话，你为什么不接？发信息你也不回，不是说好了四点过来吗？你都迟到了快一个小时了，你怎么回事儿啊？”小蕾本来在公交车上挤了一个多小时，心情就很糟糕了，听到潇潇毫不留情的指责，心里更是火大，说话也不客气了：“车上那么多人，挤都快挤死了，哪有时间接你电话、回你信息，你以为我愿意堵车啊！我这不一下车就往这边赶了，一点儿都没敢耽搁吗？不就让你等了一会儿吗？以前我等你多少次我有说什么吗？我就迟到这一次，你犯得着这样吗？”

两个人都不爽对方的态度，直接在太阳底下争论起来，你一言我一语吵得不可开交。最后小蕾先停战，她一边用手给自己扇风一边说道：“热都快热死了，大太阳底下跟你吵架，我真是闲得有病，不想你跟吵了。我出门可不是为了跟你吵架来的，再吵连逛街的心情都没有了，总不能白出来一趟，先找个地方吃点东西吧。”潇潇见状也及时收声，冷着脸跟她去了一家饭店。喝着冰饮，吹着空调，两个人烦躁的心情顿时得到了改善，脸色也稍微好看了一点儿，只是碍于面子，两个人都不肯先跟对方说话。

看着面色疲惫、大口吃面的小蕾，潇潇不由得开始反思自己的行为和分析自己情绪，明明知道小蕾离得远，可能会迟到，为什么自己当时还会对小蕾发那么大的火呢？见面时也不是没有看到小蕾因为急着赶过来找自己会合而热得满头汗水的样子，也不是没有看出小蕾情绪的低落，可自己却没有问一问小蕾为什么心情不好，而是直接态度严厉地出言指责。如果说纯粹是因为担心小蕾才生气的，她自己都不相信，潇潇很清楚，大热天出门，自己的情绪本来就非常差，等人的时候更是在不断累积对小蕾迟到的不满，自己之所以会发火不是没有迁怒的成分，自己把坏情绪发泄到了小蕾身上，先出言不善，才导致小蕾跟自己针锋相对。

她正犹豫着不知道该怎么开口，小蕾那边已经把道歉说出了口：“对不起，今天是我不对，挂了你电话之后我就出门坐车，可是路上堵车了，我手机静音放在包里，车上人又多，就没有看到你的信息和来电，让你等这么久。可是刚下车那阵儿我心情特别烦躁，不仅没跟你好好道歉，还对你发脾气，是我不好，希望你别生我的气，你大人有大量，就原谅我一次吧？”

潇潇听完后羞愧地摆手道：“我做得也不对，我不该说话那么难听。咱俩就别说什么原不原谅了，待会儿先看鞋子还是先看衣服？我看到一家店刚上了新款的裙子，你肯定喜欢，待会儿咱们一起去看看吧。”小蕾听完就拎起包说：“嗯，我吃好了，咱们现在就去看吧，晚了就让人买走了。”两个人挽着手说说笑笑走了出去，刚才的争吵丝毫没有影响她们的感情，反而让她们之间的友谊更加亲密了。

一般来说，人们在情绪上来的时候很难意识到自己的情绪状态，等到转换了环境或是那阵情绪过去之后才能够意识到，也找回了理智和思维能力，开始分析和判断情绪产生的原因。国外的心理学家通过研究发现，情绪的产生与人体的一种激素——梅拉多宁的累积有关，每个人的体内都有着或多或少的梅拉多宁激素，当这种激素累积过多之后就会让人产生情绪变化，尤其容易出现烦躁不安、沮丧易怒等情绪。

这算是情绪产生的一种内因，除身体内的激素多少之外，人们的情绪还会根据环境和当时的状况而发生改变。时刻观察自己的情绪，养成监控自己思维和情绪状态的习惯，能够让我们及时分析情绪变化的原因，掌握情绪变化的规律，并将其运用到日常生活中，这样更方便我们与他人之间的交流。即便我们无法支配自己的情绪，至少我们能够在情绪产生变化之前有一定的准备，不至于情绪一时失控，破坏了自己与他人之间的人际关系。

3. 顺从情绪——不能抗拒就接受

【情景回放】

孙越和自己的室友阿亮常常因为生活中的一些小摩擦而斗嘴，其他室友总在他们产生矛盾之前及时将他们两个分隔开来，这样一来两个人才没有直接动手打上一架。但是孙越发现“眼不见心不烦”那套说法对自己来说根本不管用，即便自己看不见阿亮，他还是会沉浸于和阿亮吵嘴时的愤怒情绪中难以自拔，总想把那些愤怒发泄出来。

同时，每次孙越都会误伤好心劝架的室友，他知道自己这样不好，所以总想着控制自己不要发火，尤其不要对无辜的室友发火，但是这并不管用。他一面在心里压抑自己的情绪，一面却更加愤怒，甚至恨不得出去和所有阻拦自己的人痛痛快快地打上一架。为了缓解自己的愤怒，避免迁怒室友，每次和阿亮吵架时他都选择将自己的东西摔到地上，然后关上卫生间的门，对着墙一通发泄。发泄之后他的情绪便会好很多，室友们看透了他的情绪规律，每次看他情绪暴躁的时候便自觉地缄口不言，等他发泄完了之后才和他继续交流。

控制情绪对每个人来说都是一件非常困难的事情，但有时候碍于种种因素我们却不得不强行压制自己的情绪。小孩子为了妈妈那句“乖孩子，真听话”的夸赞，选择压制自己悲伤的情绪，放下商店里心爱的玩具；青少年为了博得父母和师长的肯定，压抑自己对游戏的渴望情绪，奋战于书山题海；自卑的女孩为了挽留无情的伴侣，压抑自己的委屈情绪，强颜欢笑讨好对方；公司职员被戴上“老好人”的高帽子后，压抑自己的不满情绪，不停地去帮别人做“分外之事”；相互仇视的商业精英为了彼此的利益，忍受着不满，硬着头皮和对方坐在同一张桌子上谈合作。迫于外界环境的压力，我们必须控制自己的情绪，但是有些时候，当我们试图去控制自己情绪的时候，却发现我们的努力并没有什么作用。

【情景回放】

小杨被选为年级代表上台演讲，可是当他看到台下密密麻麻的人影时，他的情绪却突然紧张了起来，脑海中一片空白，之前背诵的演讲词也都忘得无影无踪了。眼看就要轮到自己上台演讲，小杨非常着急，连忙求助于一旁的学长，学长见状，将自己的经验分享给了小杨：“你现在可千万不能紧张啊，一紧张你就会在关键的时候掉链子，要是演讲中忘词了那多丢人。你只要控制你自己的情绪，深呼吸，就不会影响发挥了。”小杨采用了学长教授的深呼气缓解紧张法，深呼气、长舒气并不断地暗示自己“不要紧张，你可以的”。

但是他发现这种方法对他来说没什么效果，他清晰地感觉到自己的紧张情绪还在不断地增长，他手心全是汗，额头上也滚落下来大滴大滴的汗珠，他甚至都能听到自己胸膛里剧烈的心跳声。他慌乱中再次求助于学长，学长也不知如何帮他了。这时候老师带着笑容走了过来，小杨急切地向老师求助，老师从容不迫地说道：“紧张就紧张呗，第一次上台对着这么多人演讲，紧张多正常啊！风刮树叶动，你难道还能拦着树叶不让它哗哗作响吗？”小杨听完老师的话一怔，忽然有点明白了。

小杨的心情平复了很多，随即他又问道：“可是老师，我一紧张就容易忘词，我到时候要是想不起来怎么办啊？”老师反问道：“还记得骆宾王的《咏鹅》和孟浩然的《春晓》怎么背吗？”小杨懵懂地点点头，老师接着说道：“那就没关系，相信你自己，你那么用心，背了那么久，文字都变成记忆，刻在你的脑海里了。你肯定能背出来，要是实在不行，你就直接看一眼演讲稿，不就好了吗？”

小杨看着老师的笑脸，心情顿时好了很多，他没再想控制自己的紧张情绪，可他却意外地发现自己的心跳没有那么剧烈了，手心也不再出汗，背过的演讲词也重新回到嘴边了。轮到他上台时，他从容自信地向大家问好，然后清晰流畅地把演讲词声情并茂地讲了出来，台下掌声如潮。

在面对不良情绪的侵扰时，我们的第一个念头总是“这样不好，我不能放任自己的情绪，我要尽快控制住自己”。所以我们掩饰自己的恐惧，转移自己的愤怒，压制自己的紧张，却发现完全不奏效，掩饰恐惧可能被轻易戳破，转移愤怒也许会误伤无辜，压制紧张反而招致情绪反弹。真正控制和消灭情绪的时候，我们就会发现这样做难度实在太大了，将不良情绪压抑下去，虽然暂时不会面临情绪失控的危机，却会影响我们的身心健康，现在的许多身体疾病和心理问题都是由于压制情绪造成的。如果不能够将不良情绪压制下去，那么我们不仅要忍受不良情绪的侵扰，还要忍受控制情绪失败时带来的挫败感，让自己疲惫不堪，自信心备受打击。

任何情绪都是有时限的，不良情绪也不例外，就像连绵不断的细雨，看上去似乎无穷无尽、永不会停，但总有云消雨霁的时候。不良情绪总会在某个我们难以察觉的时刻散去，不必费心去苦苦压抑，即便暂时将不良情绪压抑下去，它依然会在我们的潜意识中支配我们的行为，操纵我们的喜恶。

当我们意识到自己正在被不良情绪侵扰的时候，不妨试着顺从自己的情绪，观察它，了解它，分析它，接受它。这样我们才能够及时地将自己从不良情绪中剥离出来，和自己的情绪融洽相处。

4. 转移注意力——削弱负面情绪的影响

【情景回放】

恋爱失败的聪聪活得特别颓废，每天不是吃了睡，就是翻开手机看自己和男朋友以前的聊天记录，回想曾经甜蜜的时光，然后号啕大哭。聪聪的朋友小月看到她这个状况非常担心，怕她一个人在家闷着闷出病来，就拉着聪聪一起报了一个旅行团。有事做之后，聪聪稍微打起了精神，收拾了行李跟着旅行团踏上了旅途。

坐在大巴车上，小月看到聪聪依旧阴郁的脸色，本来想问些什么，但聪聪面色疲惫地扭过头去，把目光投向了窗外。小月明白这是聪聪拒绝聊天的姿态，所以也不敢问她什么。但是随着车子远离了喧嚣的市区，逐渐开到山区，聪聪看手机和独自垂泪的频率突然降低了很多，聪聪像突然回过神儿了一般，有了精神，看着窗外的眼神不再是空洞无物了，偶尔也能和小月说上几句话。

正值秋天，旅行团去的地方安静秀美，看着眼前秀丽的美景，聪聪很快就从刚开始的闷闷不乐转为轻松愉悦，不仅拉着小月照了很多照片，晚上还吃了很多当地的美食，甚至看到一汪清澈的山泉时，聪聪还兴致勃勃地像其他游客一样下水戏耍。短短三天的旅行，让聪聪的情绪彻底变了个样，她不再是当初那副为情所困、哀怨凄切的样子，而是恢复到以前神清气爽、生命力旺盛的状态，脸上的笑容也重新出现了。

小月看着精神十足的聪聪，不由得舒了一口气，可她又有些担心，害怕聪聪回家之后故态复萌，就委婉地提了提聪聪和男朋友分手的事情。谁知道之前还要死要活的聪聪竟然摆手道："我好不容易把这件事情忘记了，你不要又提出来烦我，我已经决定了，过去的事就全部丢进垃圾桶里，我要展开新的生活了！”说完她又抱了抱小月，感激地说道，“你最近一直陪着我，我失恋的事情给你添了很大的麻烦，现在我的心情好多了。谢谢你呀！”小月这才终于放下心来，和聪聪开起了玩笑：“谢不谢的多见外，请我吃饭就成了，我好久没吃自助餐了，你请我去吃吧！”

步入现代社会，每个人都面临着生活、工作上的多重压力，分手、失业、没考出理想成绩等事情都会打击到我们的情绪和精神状态，让我们情绪低落、萎靡不振。为了缓解压力，转变心态和情绪，人们创造出了多种多样的减压和转移情绪的方式。其中最常见的一种便是注意力转移法。

注意力转移法，顾名思义就是要把注意力从引起不良情绪的情境转移到其他事物上。心理学家研究发现，当婴儿大哭的时候，他人可以通过制造三种噪声来让婴儿停止哭泣，这三种噪声包括洗衣机的轰鸣、电视机里的声音或电脑游戏中的配乐，以及人们说话的声音。当婴儿听到这三种声音的时候，他们的注意力便会被吸引过去，忘记哭泣。

其中的道理其实很简单，人的精力是有限的，当有什么让他们更感兴趣的事情吸引着他们的注意力的时候，他们便会无暇顾及其他。父母在安慰小孩子的时候也会采用这种方式，父母会对哭闹不休的小孩子许下“只要不哭，便带你去吃麦当劳、逛游乐园”的承诺，小孩子一般在听完之后就会立刻收声，抹着眼泪要父母马上兑现承诺。这种方式在成年人身上也同样适用。

【情景回放】

小张妈妈因为小张爸爸晚归的事情揪着他唠叨个不停，小张眼看着爸爸烦躁又无奈地在屋子里走来走去，可是除非爸爸去上厕所，否则小张妈妈就一直追问他“去了哪里”“跟谁在一块”“为什么不报备”等问题。小张爸爸不堪其扰，半个小时跑了八次厕所，小张妈妈却依然不肯放过他，小张爸爸无奈地对着在沙发上玩手机的小张露出了求救的神情。小张眼看着妈妈要跟爸爸吵起来了，连忙收了手机说道："妈，你追的电视剧要开始了，今天据说有你最喜欢的男明星来客串，你不看我就调台看球赛了啊。"

小张妈妈一着急，丢下小张爸爸就冲到了客厅，说道："看看看，怎么不看，你这孩子，怎么一点儿都不体谅妈妈，妈妈就盼着这两集电视剧呢，你回屋用电脑看你的球赛去。"小张笑着说："行，那我回屋了。"电视剧的片头曲已经播了出来，妈妈目不转睛地说道："回吧，回吧。"小张爸爸见状，小心翼翼地凑到小张妈妈面前说道："老婆，我跟你交代一下我晚上干吗去了。"小张妈妈一看他正好挡住了电视屏幕，急得直推他："你别挡着我看电视啊。"

小张爸爸便坐到旁边，提高了声音说道："那个我，晚上啊，跟着老刘一块儿去……"小张妈妈果然嫌他吵，说道："你别说话，我都听不见电视里说什么了。你找儿子看球赛去，别打扰我看电视。"小张爸爸摸摸鼻子转身走开了，看到妻子还在全神贯注地看电视，再没有半点精力追究自己晚归的问题，心里不由得乐了起来。

当我们被某些情境激发了不良情绪的时候，为了及时控制局面，我们可以将自己的注意力转移到其他事物上，做些自己感兴趣的事情，从而调节自己的情绪，避免自己在原来的情境中反复被刺激，导致不良情绪继续酝酿和爆发。

随着社会的发展和科技的进步，人们转移注意力的方式也越来越多，有的人喜欢画画、听音乐、散步、下棋、看电影、品尝美食等不太消耗能量的方式；有的人喜欢跑步、打球、拳击、赛车、冲浪、打游戏等耗费能量的方式。不同的方式转移注意力的效果却是相同的。

看喜剧节目能够让自己破涕为笑，从负面情绪中解脱出来，适当地缓解我们紧张的情绪；运动能够让我们的愤怒、烦躁等负面情绪随着身体的出汗一起排出，让我们的心态趋于平静，因为累都快要累死了，谁还有心情去烦恼呢？不良的情绪自然也早就无影无踪了。钓鱼、画画、侍弄花草等事情都能够让我们的心灵尽快回归到平静的状态。

环境的转换能够让我们在较短的时间内将自己的情绪安抚下来，并在自己感兴趣的事物中找到新的快乐，阻断不良刺激源。参与自己感兴趣的活动，一方面能够有效地防止不良情绪的泛化和蔓延；另一方面还能够促进积极情绪的产生，消除精神上的紧张和压力，让我们以全新的面貌面对生活。